創作数学演義

一松 信 著

現代数学社

はしがき

この本は『理系への数学』(後に「現代数学」と改題)の 2012 年 1 月号から 2014 年 3 月号まで 27 回にわたって連載した『考えてみよう』の単行本化です．連載初回の冒頭に次のように記しました (一部修正)：

「今回の連載は毎回読み切りで内容も多方面にわたります．ある意味では以前に連載した「数検 1 級をめざせ」の延長ですが，必ずしも数検の過去問にこだわりません．また以前のように多数の類題を述べるのではなく，ごく少数に限定し，最後に読者諸賢から解答を募る出題をします．後の号 (2 号後) に解答者／正解者のお名前を掲載し，優れた解答があれば改めて紹介します．」

ただ主題が多岐にわたり，掲載順に並べたのでは意味が薄いので，単行本化に当たっては，全体を通して分野別に整理し，便宜上 4 部 (代数，解析，幾何，その他) にまとめ直しました．解答者のお名前は，プライバシーの問題があるので，削除ないし記号化しました．その点熱心にお答え下さった方々に御理解を賜りたく存じます．後から知った情報や，連載の折には省略した結果など，単行本化に当たって追加したほうがよいと思った内容を若干補充した所もあります．

現在の数学は全体として一体化しており，分野別といっても境界があいまいですが，一応次のような順に並べ替えました．

第 1 部 代数学関係では，(広義の) 不変式関係，代数方程式，整数論，線型代数の順；第 2 部 幾何学関係はほとんどが計量の話ですが，基本的公式，不等式と極値問題，高次元 (3 次以上) の図形の順；第 3 部 解析学関係では，極限，積分関係，その応用の順；第 4 部は組合せ論と確率です．第 4 部を広義の代数学として第 1 部に編入することも考えましたが，その部分が長くなりすぎるので別にしました．

i

一部の標題を連載当時のものから若干変更しましたが，内容自体には大きな変更はありません．

　前述のとおり，この本は毎号思いつくままに題材を選んだ読み切り連載をまとめたものですから，分野別に整理し直したとはいえ，最初から順に読むのはあまり意味がありません．むしろ読者各位の興味のある話を拾い読みして，なるべく多くの部分に目を通して下さることを望みます．内容の水準もまちまちですが，大半は現行の高等学校数学全般に通じていれば大体は理解できると信じます．但し若干それを超えて大学初年級に踏み込んだ部分もありますが，全体として前述の数学検定1級（あるいは準1級）の水準です．

　本書の出版をお勧めくださり，また出版に当たって多大なお世話になった現代数学社・富田淳氏に厚く感謝します．また連載中細かい部分まで精読して，多くの誤植を指摘くださった何人かの読者の方々にも，改めてお礼を申し上げます．

平成29年7月　　著者しるす

目　次

はしがき i

第1部　代数学関係 1

第 1 話　対称式 3

第 2 話　3 変数関数の標準形 9

第 3 話　ある複素数方程式 17

第 4 話　4 次方程式の解法（1） 23

第 5 話　4 次方程式の解法（2） 31

第 6 話　ナゴヤ三角形 39

第 7 話　四角い三角 49

第 8 話　行列に関する若干の性質 55

第 9 話　行列の累乗 61

第2部　幾何学関係 67

第 10 話　三角形と円内四角形の公式 69

第 11 話　根心 ── 重心座標による 75

第 12 話　三角形に関する不等式 81

第 13 話　三角形に関する極値問題（1） 87

第 14 話　三角形に関する極値問題（2） 93

第 15 話　正多面体の体積 99

第 16 話　高次元正単体の体積 105

第3部　解析学関係 111

第 17 話　e の近似列 113

第 18 話	円周率をめぐって	119
第 19 話	不定積分の計算例	125
第 20 話	定積分の計算例	133
第 21 話	定積分の応用例	139
第 22 話	端補正の数値積分公式	145
第 23 話	曲線の長さと分割	153
第 24 話	微分方程式とベキ級数	159

第 4 部　その他の話題　　165

第 25 話	増山の問題	167
第 26 話	カークマンの女生徒問題	175
第 27 話	弱者の勝つ確率	181

設問の解答・解説　　187

あとがき　　245

索引　　247

第1部

代数学関係

第1話

対称式

1. 趣旨

最初の話は古典的な対称式を基本対称式で表現する話と，その一例として**ニュートンの公式**です．雑誌の連載の折に，ほとんど毎号答えて下さっていた熱心な方々には常識だと思いますが，近年正規の課程に含まれていないせいか（あるいは計算力の低下のせいか），関連話題を数学検定に出題すると大変に成績が悪いので，最初に取り上げました．

後述のように代数方程式の解の基本対称式は，もとの方程式の係数で表され（**解と係数との関係**），したがってそれらの対称式は方程式を解かずに直接計算できます．それが代数方程式の解法の研究に活用されてきました．

現在ではその種の理論は完成して過去の話になりつつあるので，忘れられても当然かもしれません．しかし基本対称式による表現は，ある意味では特別なグレブナー基底であり，そのひな型として再考する価値がありそうです．

2. 対称式と基本対称式

定義1 n 変数の多項式 $f(x_1, x_2, \cdots, x_n)$ が，n 個の変数にどのような（全部で $n!$ 個の）置換を施しても不変なとき，**対称式**という．

第 1 部　代数学関係

定義2　$1 \leqq l \leqq n$ とする. l 個の積 $x_1 x_2 \cdots x_l$ に項が相異なるような変数の置換をすべて（全部で $_n\mathrm{C}_l = n!/l!(n-l)!$ 個）施して加えてできる l 次の対称式を **l 次の基本対称式** とよび, s_l で表す.

例1　1 次の基本対称式は $s_1 = x_1 + x_2 + \cdots + x_n$, 2 次の基本対称式は, $i < j$ である項 $x_i x_j$ 全部の和

$$s_2 = x_1 x_2 + \cdots + x_1 x_n + x_2 x_3 + \cdots$$
$$\cdots + x_2 x_n + \cdots + x_{n-1} x_n.$$

n 次の基本対称式は $s_n = x_1 x_2 \cdots x_n$ です.

　なお n 変数と限定したとき, $l > n$ に対しては $s_l = 0$ と約束すると便利なことがあります.

　次の性質は代数方程式の**解と係数との関係**としてよく知られています. 直接に展開比較して証明できます.

定理1　$p(x) = (x - \alpha_1)(x - \alpha_2) \cdots (x - \alpha_n)$
$$= x^n - s_1 x^{n-1} + s_2 x^{n-2} - \cdots$$
$$\cdots + (-1)^l s_l x^{n-l} + \cdots + (-1)^n s_n \qquad (1)$$
ここに s_l は $\alpha_1, \cdots, \alpha_n$ に関する l 次基本対称式を表す.

系　$p(\alpha_k) = \alpha_k^n - s_1 \alpha_k^{n-1} + s_2 \alpha_k^{n-2} - \cdots + (-1)^n s_n = 0$
$$(k = 1, \cdots, n). \qquad (2)$$

3. 基本定理

> **定理2** 任意の整数係数の対称多項式 $f(x)$ は,基本対称式の整数係数の多項式として一意的に表される.

【証明】 $f(x)$ を同次多項式として一般性を失わない(同次多項式の和に分割しておのおのを表現する).単項式に**辞書式順序**をつける.すなわち $x_1^{e_1} x_2^{e_2} \cdots x_n^{e_n} > x_1^{d_1} x_2^{d_2} \cdots x_n^{d_n}$ とは $e_1 > d_1$ か $e_1 = d_1$ かつ $e_2 > d_2$ か,$\cdots$,$e_1 = d_1, \cdots, e_l = d_l$,$e_{l+1} > d_{l+1}$ かのいずれかが成立することと定義する.対称式は一つの単項式に,変数 $x_1, \cdots, x_n$ の置換を施した項(同族項とよぶ)の和の形にまとめられる.同族項のうち辞書式順序で最高の項をその**代表**とする.代表項は必ず

$$Ax_1^{e_1} x_2^{e_2} \cdots x_n^{e_n}; e_1 \geqq e_2 \geqq \cdots \geqq e_n \tag{3}$$

A は定数

の形に表される.$A = 1$,$e_1 = 1$ を満足する項を代表項とするものが基本対称式であることに注意する.

定理の証明は代表項について辞書式順序に関する数学的帰納法による.代表項が $e_1 = 1$ のものは基本対称式そのものである.当面の対称式の最高順位の項が (3) を代表項とする対称式だとする.これに対して

$$As_1^{e_1-e_2} s_2^{e_2-e_3} \cdots s_{n-1}^{e_{n-1}-e_n} s_n^{e_n} \tag{4}$$

を考える.(4) を展開した対称式のうち辞書式順序で最高の項は (3) に等しく,(4) を引けばその項が消えて順序が低い項のみになる.それは帰納法の仮定により,基本対称式の多項式で表される(同じ操作を反復する).

一意性はもしも二通りに表されたとすると,基本対称式の自明でない多項式が恒等的に 0 となる.それは $x_1, \cdots, x_n$ の間の,自明でない方程式であって,$x_1, \cdots, x_n$ が独立な変数という前提条件に反する. □

第1部　代数学関係

項に順序をつけて高位の順に消去するのは，グレブナー基底を計算する場合の基本的な考え方です．上述はその素朴な一例とみなされます．

4. 累乗の和の表現

同じ累乗の和（べき和）

$$\sigma_m = x_1{}^m + \cdots + x_n{}^m, \ m = 1, 2, 3, \cdots \qquad (5)$$

は重要な対称式です．便宜上 $\sigma_0 = n$ と約束します．$m < 0$ の場合を考えることもあります（ここでは省略）．

$$\sigma_1 = s_1, \ \sigma_2 = s_1{}^2 - 2s_2, \ \sigma_3 = s_1{}^3 - 3s_1 s_2 + 3s_3 \qquad (6)$$

などは有名ですし，定理 2 の証明を辿って直接に計算できます．しかし σ_m の一般的な漸化式（**ニュートンの公式**）が以下のようにして導びかれます．ニュートンの論文は 1707 年の発表ですが，同じ頃ライプニッツも独立に同じ結果を得ていたようです（彼の遺稿にある）．

便宜上変数 x_k を α_k に変え，定理 1 の式 (1) に戻ります．$p(x)$ の対数微分をとると

$$p'(x) = \sum_{k=1}^{n} \frac{p(x)}{x - \alpha_k} = \sum_{k=1}^{n} \frac{p(x) - p(\alpha_k)}{x - \alpha_k} \qquad (7)$$

です．(7) の左辺を書き下ろすと

$$nx^{n-1} - (n-1)s_1 x^{n-2} + (n-2)s_2 x^{n-3} - \cdots$$
$$+ (-1)^j (n-j)s_j x^{n-j-1} + \cdots + (-1)^{n-1} s_{n-1} \qquad (7')$$

です．他方 (7) の右辺は $(x^j - \alpha_k{}^j)/(x - \alpha_k)$ を計算して

$$\sum_{k=1}^{n} \sum_{j=0}^{n-1} [a_k{}^j - s_1 \alpha_k{}^{j-1} + \cdots + (-1)^j s_j] x^{n-j-1}$$

$$= \sum_{j=0}^{n-1} [\sigma_j - s_1 \sigma_{j-1} + \cdots + (-1)^j s_j \sigma_0] x^{n-j-1} \qquad (7'')$$

と表されます．$(7') = (7'')$ として同じ次数の項を比べると

$$\sigma_j - s_1 \sigma_{j-1} + \cdots + (-1)^j s_j \sigma_0 = (-1)^j (n-j) s_j \qquad (8)$$

を得ます．(8) は一般式ですが $j = 1, 2, 3, \cdots$ と書き下ろすと

$$s_1 - \sigma_1 = 0, \quad 2s_2 - s_1 \sigma_1 + \sigma_2 = 0,$$
$$3s_3 - s_2 \sigma_1 + s_1 \sigma_2 - \sigma_3 = 0$$

などとなり，これから (6) が出ます．σ_4 以上も順次漸化式を作って計算できます．σ_{13} まで昔の公式集に具体式が記載されている由です． □

　逆に基本対称式をべき和 σ_m で表すこともできます．このときには $l! s_l$ が $\sigma_1, \cdots, \sigma_l$ の整数係数多項式として表されます．

　式 (7) で $\log p(x)$ の微分を持ち出したのが，「代数学」の聖域（?）を犯す邪道だと批難された時代もあった由です．しかし (7) は極限の概念を知らなくても，形式的な微分演算 $d : x^k \to k x^{k-1}$ という線型写像が，積の公式 $d(u \cdot v) = u \cdot dv + v \cdot du$ を満足することを確かめれば，直接に計算できます（極限を使わない微分法）．もちろん今日では代数学・解析学といった昔の縄ばりにこだわること自体が時代錯誤でしょう．

第1部　代数学関係

━━━━━━━━━━━━━ **設問1** ━━━━━━━━━━━━━

純粋に計算問題ですが，次の課題を提出します．

[1]　$\sigma_4 = x_1^4 + \cdots + x_n^4$ を s_1, s_2, s_3, s_4 で表す具体式を求めよ
　　（$n \geq 4$）．

[2]　3 変数（$x_1 = x,\ x_2 = y,\ x_3 = z$ と記す）の基本交代式の 2 乗
$$\Delta^2 = [(x-y)(y-z)(z-x)]^2$$
　　は対称式である．これを基本対称式 s_1, s_2, s_3 で表せ．

━━━━━━━━━━━━━━━━━━━━━━━━━━━━

（解説・解答は 188 ページ）

▶**注意**　s_1 は 1 次式，s_2 は 2 次（s_l は l 次）式なので，答の各項はこの重みについて同重です．これに注意するだけでも計算誤りの検出に有用です．検定問題での誤答では計算誤りないし検算不備のせいか，一目で誤りとわかる同重でない式を，予想以上に多数見掛けました．

第2話

3変数関数の標準形

1. 主定理 ——巡回関数

2変数の（実数値）関数 $f(x, y)$ は一意的に**対称関数** $g(x, y)$ ($g(y, x) = g(x, y)$) と**交代関数** $k(x, y)$ ($k(y, x) = -k(x, y)$) との和に表されます．実際 $f(x, y)$ に対して

$$g(x, y) = [f(x, y) + f(y, x)]/2,$$
$$k(x, y) = [f(x, y) - f(y, x)]/2$$

とおけばそうなります．

この事実は多くの教科書にありますが，3変数の関数 $f(x, y, z)$ ではどうでしょうか．(x, y, z) をどう（全部で6通りに）入れ換えても不変な**対称関数**と，2つの変数を交換したとき符号が変る**交代関数**は同様に考えられますが，それだけでは不十分です．3変数 (x, y, z) の置換は $3! = 6$ 個あり，それらは**互換** $(x, y, z) \longleftrightarrow (y, x, z)$ と**巡回置換** $(x, y, z) \longleftrightarrow (y, z, x)$ の合成によって生成できるので，さらに巡回置換に関する何らかの情報が不可欠です．

定義1 3変数の関数 $f(x, y, z)$ が恒等的に
$$f(x, y, z) + f(y, z, x) + f(z, x, y) = 0 \tag{1}$$
を満足するとき**巡回関数**という．

第1部 代数学関係

例1 1次式 $ax + by + cz$ が巡回関数であるための必要十分条件は $a + b + c = 0$ です．その全体は 2 次元の線型空間になりますが，その基底は複素数

$$\omega = -\frac{1}{2} + \frac{\sqrt{3}}{2}i = \cos\frac{2\pi}{3} + i\sin\frac{2\pi}{3},$$

$$\omega^3 = 1, \quad \omega^2 + \omega = -1$$

を活用して

$$U = x + \omega y + \omega^2 z, \quad V = x + \omega^2 y + \omega z \tag{2}$$

と採るのが便利なので，以後そうします（理由は後述）．

以上の準備の下で次の結果がこの話の主題です．

定理1 任意の 3 変数の関数 $f(x, y, z)$ は一意的に対称関数，交代関数，巡回関数の和に表現できる（証明後述）．

定理2 任意の 3 変数の多項式は 6 個の標準基底に対称多項式を掛けた項の和の形に一意的に表現できる．その基底は 1 個の対称関数 1，1 個の交代関数（基本交代式）$\Delta(x, y, z)$（後述）と 4 個の巡回関数 U, V, U^2, V^2 を採ることができる．

定理 2 のような（n 変数では $n!$ 個の項の和の）分割を**シュヴァレー分割**といいます（C. Chevalley；親日的なフランスの数学者；詳細は解答部分（190 ページ）に補充した）．その観点から定理 2 は $n = 3$ の特別な場合ですが，この場合には標準的な基底を，具体的に上のように選ぶことが可能で，その具体的な表現が有用です．

10

2. 定理 1 の証明

表現できることは簡単です. $f(x, y, z)$ に対し

$$\sigma(x, y, z) = [f(x, y, z) + f(y, z, x) + f(z, x, y)$$
$$+ f(y, x, z) + f(z, y, x) + f(x, z, y)]/6$$

$$\alpha(x, y, z) = [f(x, y, z) + f(y, z, x) + f(z, x, y)$$
$$- f(y, x, z) - f(z, y, x) - f(x, z, y)]/6$$

$$\gamma(x, y, z) = [2f(x, y, z) - f(y, z, x) - f(z, x, y)]/3$$

とおけば, σ は対称関数, α は交代関数, γ は巡回関数であり, $f(x, y, z) = \sigma(x, y, z) + \alpha(x, y, z) + \gamma(x, y, z)$ と表されます. □

一意性は次の事実からわかります.

補助定理 3　$f(x, y, z)$ が巡回関数であり, 同時に対称関数と交代関数の和とも表されるならば, 恒等的に 0 である.

証明　$f = g + h$ (g が対称関数, h が交代関数) なら, 偶置換で不変

$$f(x, y, z) = f(y, z, x) = f(z, x, y)$$

である. 他方 f が巡回関数ならば (1) が成立するが, この場合には, (1) の左辺の和は $3f(x, y, z)$ に等しく, それは 0 に等しい. □

したがってもしも $f = \sigma + \alpha + \gamma = \sigma' + \alpha' + \gamma'$ と表されたとすると, $(\sigma - \sigma') + (\alpha - \alpha') = \gamma' - \gamma$ は補助定理 3 の条件を満たすので恒等的に 0 です. これから $\gamma = \gamma'$ です. 他方 $(\sigma - \sigma')$ は対称関数, $(\alpha - \alpha')$ は交代関数なので, 互換 (y, x, z) について

第 1 部　代数学関係

$\sigma - \sigma'$ は不変，$\alpha - \alpha'$ は符号が変わります．その和と差をとれば $\sigma - \sigma' = 0,\ \alpha - \alpha' = 0$ となり両者は同一表現になります．　□

3.　$U,\ V$ の性質

> **補助定理 4**　（ i ）積 UV および $U^3 + V^3$ は対称式である．
> （ ii ）$U^2,\ V^2$ は 2 次式の巡回関数である．
> （ iii ）$U^3 - V^3$ は基本交代式 Δ の定数倍である．

証明

（ i ）直接に計算して次の式になる．

$$UV = x^2 + y^2 + z^2 - (xy + yz + zx),$$

$$U^3 + V^3 = 2(x^3 + y^3 + z^3)$$
$$- 3(x^2 y + xy^2 + y^2 z + yz^2 + z^2 x + zx^2) + 12xyz.$$

（ ii ）　$U^2 = x^2 + \omega^2 y^2 + \omega z^2 + 2\omega xy + 2\omega^2 xz + 2yz,$

$V^2 = x^2 + \omega y^2 + \omega^2 z^2 + 2\omega^2 xy + 2\omega xz + 2yz.$

であり，いずれも $x^2,\ y^2,\ z^2$ の係数の和 = 0，$xy,\ xz,\ yz$ の係数の和 = 0 であって，巡回関数の条件を満たす．

（ iii ）$U^3 - V^3 = 3(\omega - \omega^2)$
$$\times [x^2 y + y^2 z + z^2 x - xy^2 - yz^2 - zx^2]$$

である．この [　] 内は $-(x-y)(y-z)(z-x)$ に等しい．すなわち $U^3 - V^3$ は**基本交代式** $\Delta(x,\ y,\ z) = (x-y)(y-z)(z-x)$ の定数 $-3(\omega - \omega^2) = -3\sqrt{3}\,i$ 倍に等しい．　□

補助定理 5　　1 次式の巡回関数 $f(x,\ y,\ z) = ax + by + cz$ $(a+b+c=0)$ のうち，f^2 も巡回関数になるのは，前出の (2) またはその定数倍に限る．

証明　　$(ax+by+cz)^2$ が巡回関数になる条件は

$$a^2 + b^2 + c^2 = 0,\ ab + bc + ca = 0, \tag{3}$$
$$(\text{併せて}\ a+b+c=0)$$

である．もし $a,\ b,\ c$ が実数なら (3) を満たす組は $a = b = c = 0$ しかない．しかし複素数も許すと自明でない解がある．$a = 0$ なら $b = c = 0$ となるので $a \neq 0$ とし，定数倍して $a = 1$ とする．そのとき条件式 (3) は

$$b + c = -1,\ b^2 + c^2 = -1,\ bc = 1$$

となり，$\{b,\ c\} = (-1 \pm \sqrt{3}\,i)/2$ がその解である．これは f が (2) の U か V であることを示す．　　　　　　　　　□

　実数係数に限定せず，(2) の $U,\ V$ を基底に採用したのは，この性質が便利だからです．

4.　基本定理の証明（への道）

　実はこれが今話の設問でもあります（後述）．ここでは具体的な表現まで考えます．

　1 次式の基本対称式は $S = x + y + z$ です．(2) から

$$x = \frac{1}{3}(S + U + V),\ y = \frac{1}{3}(S + \omega^2 U + \omega V),$$
$$z = \frac{1}{3}(S + \omega U + \omega^2 V) \tag{4}$$

第1部　代数学関係

と表され，多項式はこれらの積の和で表されますから，次の結果を示せば，定理2が証明できます．

定理3　$1, U, V, U^2, V^2, \Delta(=(U^3-V^3)i/3\sqrt{3}\,)$ の相互の（自分自身も含む）積は，すべてこれら6個の基底に対称式を乗じて加えた形で表される．

この証明を今話の設問にします（次ページに再記）．全部で21通りの組合せがありますが，その中には自明なものも多く，実質は6通り（Δ との積と U^4, V^4）を調べれば，十分です．以下にはその応用を若干述べます．

なお定理3が示されれば次の事実がわかります．

系　多項式である任意の巡回関数は基底 U, V, U^2, V^2 に対称式を掛けて加えた形で表される．

例2　2次同次式 $f(x, y, z) = ax^2 + by^2 + cz^2 + dyz + gxz + hxy$ が巡回関数であるための条件は $a + b + c = 0$, $d + g + h = 0$ です．このときもとの関数 f は SU, SV, U^2, V^2 の一次結合として表されます．

5. 3次方程式への応用

上記の理論を理解すると3次方程式のタルタリア・カルダノの解法の意味が明快になります．この話は新しい理論ではなく，18世紀のラグランジュの研究中にすでに実質的に論じられています．

3次方程式を変形（平行移動）して

$$t^3 + 3pt + 2q = 0 \quad \text{（変数を } t \text{ に変更）} \tag{5}$$

14

とし，$t = u + v$ とおき $uv = -p$ と仮定すると，$u^3 + v^3 = -2q$ となります．u^3，v^3 の和と積が既知なので，2次方程式を解いて u^3，v^3 を求め，その3乗根 u，v から t を求めるのがその解法の骨子です．

ところで (5) の3解を x，y，z とすると $x + y + z = S = 0$ としたので，前述の式 (4) において $x = (U + V)/3$ になります．必要なら u，v を交換すると

$$u = U/3, \quad v = V/3 \quad (uv \text{ と } u^3 + v^3 \text{ は対称式})$$

になります．詮じつめれば上述の解法は（定数因子を除いて）3変数のシュヴァレー分割を利用して計算したものであり，$t = u + v$ とおく工夫の必然性も感じられます．

なお数学史の専門家によると，3次方程式の代数的解法は，15/16世紀に何度も再発見されていて優先権争いも多く，実の所「本当に最初の」発見者が誰なのかは不明の由です．機が熟せば同時多発的に同じアイディアが一斉に生れるものかもしれません．

─────────────── **設 問 2** ───────────────

$\omega = \cos(2\pi/3) + i\sin(2\pi/3)$，$\quad U = x + \omega y + \omega^2 z$，

$V = x + \omega^2 y + \omega z$，$\quad \Delta = (x - y)(y - z)(z - x)$ とおく.

1，U，V，U^2，V^2，Δ の相互の積は，すべてこれらの6個の基底に x，y，z の対称式を乗じて加えた形として表されることを確かめよ（前記定理3の証明）．

────────────────────────────────────

（解説・解答は 189 ページ）

第3話

ある複素数方程式

1. ことの起こり

発端は日本数学検定協会主催の 2011 年度「全国数学選手権大会」（数検団体戦；通称 数学甲子園）の予選に出題された次の問題です.

$z^2 = \bar{z}$ （z は共役複素数）を満たす複素数 z をすべて求めよ.

$z = x + iy$ （x, y は実数）と表すと, この方程式は

$$x^2 - y^2 = x , \quad 2xy = -y$$

となります. 後の式から $y = 0$ または $x = -1/2$ です. $y = 0$（z は実数）なら前の式から $x = 0$ または 1；$x = -1/2$ なら前の式から $y^2 = 3/4 , y = \pm\sqrt{3}/2$ となり, 答えは次の 4 個です.

$$0, 1, -\frac{1}{2} \pm \frac{\sqrt{3}\, i}{2} \quad (= \omega \, \text{と} \, \omega^2 \, \text{とおく}) \tag{1}$$

真の複素数解は, 1 の虚 3 乗根に相当する後の 2 個ですが, 実数 0 と 1 も解になります（図 1）.

これは易しい問題であり, 以上の解答はまったく正しいのですが, 次のように複素数の形で扱ったほうが趣旨が明瞭です.

$z = 0$ が一つの解である. 以下 $z \neq 0$ とする. 与式に z を掛けると $z^3 = z \cdot \bar{z} = |z|^2$ は正の実数である. 絶対値をとると $|z|^3 = |z|^2$ で $z \neq 0$ から $|z| = 1$, $z^3 = 1$；したがって所要の解は 0 と, 1 の 3 乗根である 1, ω, ω^2 である. □

前記選手権大会の予選では解答の正否だけで判定し，解法のうまさは問いません．しかし実はこの問題は，以下の複素数の多項式列の一例です．その立場では実部と虚部に分解せず，第2の解法のように複素数の形で解くほうが賢明です．

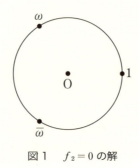

図1　$f_2 = 0$ の解

2. ある複素数の多項式列

それは次のような漸化式で定義される関数です．

$f_0 = 1, f_1 = z, f_2 = z^2 - \bar{z}, n \geq 3$ では

$$f_n = zf_{n-1} - \bar{z}f_{n-2} + f_{n-3} \qquad (2)$$

$n \geq 2$ では $\bar{z}$ を含むので本来の「多項式」ではありません．f_n は z を1次，$\bar{z}$ を2次の重みとすると，すべて n との差が3の倍数次の重みの項からなります．n が3の倍数のときかつそのときだけ定数項が0でなく，それ以外の場合には $z=0$ が $f_n = 0$ の一つの解です．

証明は省略しますが，次の諸性質が知られています．

1° $f_n = 0$ の解 z に対して $\bar{z}$, ωz も解である．

2° $f_n = 0$ は全体で n^2 個の解（実数解も含む）をもち，すべて単純解である．

第3話　ある複素数方程式

3° $f_{n-1}=0$ と $f_n=0$ とは $n(n-1)/2$ 個の解を共有する.

4° $f_n=0$ は n 個の実数解をもつ.

5° $f_n=0$ の解は一様有界, すなわちその絶対値がすべて, n によらない一定の値以下である.

　これらから次の性質がわかります.

　n が3の倍数でなければ $z=0$ が一つの解である. それ以外の n^2-1 個の解, および n が3の倍数のときの n^2 個の解は次のような2種に大別される.

（ⅰ）実数解 α と $\alpha\omega$, $\alpha\omega^2$ の3つ組（**準実数解**とよぶ）.

（ⅱ）同一円周上にある6個の組. その一つを β とすると, 他は $\beta\omega$, $\beta\omega^2$, $\overline{\beta}$, $\overline{\beta\omega}$, $\overline{\beta\omega^2}$ と表される（**本虚数解**とよぶ）.

　この関係から各 n について両種の解の個数が定まります. それにより共通解 $f_{n-1}=f_n=0$ の（ⅰ）,（ⅱ）の個数も計算できます. それ自体も面白い組合せ問題ですが, ここでは深入りしないことにします.（解答末尾の「付記」, 192ページを参照.）

　冒頭の問題は $f_2=0$ であり, 解は1に属する準実数解と0とになりました. 本虚数解は $n\geqq4$ で現れます. 以下では n が小さいときの $f_n=0$ の解を具体的に検討します.

3. $n=3$ の場合

$$f_3=z^3-2z\overline{z}+1=0 \tag{3}$$

を考察します., 但し差し当たり上記の性質3° を知らないとします.
(3) では $z\neq0$ です. 変形すると

$$z^3+1=2|z|^2 \text{ は正の実数}$$

です. これから z^3 は実数であり, (3) の実数解は

$$z^3-2z^2+1=(z-1)(z^2-z-1)=0$$

19

の解として次の3個です．

$$z = 1 \ , \ \frac{1+\sqrt{5}}{2} \ , \ \frac{1-\sqrt{5}}{2} \tag{4}$$

無理数解の前者を τ とおくと，後者は $-\tau^{-1}$ と表されます．したがって (3) の解は (4) とそれに ω, ω^2 を乗じた3組の準実数解の合計 $9 = 3^2$ 個です．このうち最初の $1, \omega, \omega^2$ が $f_2 = 0$ との共有解3個です．(4) の最後の値は負なので，ω, ω^2 を乗じた値は複素数としては

$$\frac{\sqrt{5}-1}{2}\left(\frac{1}{2} \pm \frac{\sqrt{3}\,i}{2}\right) = \tau^{-1}\exp(\pm i\pi/3)$$

と表記したほうがよいでしょう (図2).

なお $f_2 = 0$ と $f_3 = 0$ の共有解を直接求めるには漸化式 (2) ($n=3$) でそうおくと $|z|^2 = 1$ が出ます．これだけでは z が決まりませんが，(3) と連立させれば $z^3 = 1$ になります．

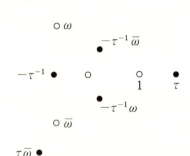

図2　$f_3 = 0$ の解　○ は f_2 との共通解

4. $n=4$ の場合

$$f_4 = z^4 - 3z^2\bar{z} + \bar{z}^2 + 2z = 0 \tag{5}$$

を考察します．$z = 0$ が一つの解です．他の実数解は

$$z^3 - 3z^2 + z + 2 = (z-2)(z^2 - z - 1) = 0$$

の解として，(4)の後の2解（とその ω, ω^2 倍）が $f_3 = 0$ との6個の共有解になります．これらは $\overline{z}f_2 = f_1$ の解としても求められます．それ以外の10個の解のうち4個は $0, 2, 2\omega, 2\omega^2$ です．残りの6個（本虚数解）を探しましょう．

$z \neq 0$ としてよいので (5) を z で割ると
$$z^3 - 3z\overline{z} + \overline{z}^{\,2}/z + 2 = 0 \implies z^3 + \overline{z}^{\,2}/z = 3|z|^2 - 2 \quad (\text{実数}) \quad (6)$$
です．共役複素数が (6) と等しいとおくと
$$z^3 - \overline{z}^{\,3} = z^2/\overline{z} - \overline{z}^{\,2}/z = (z^3 - \overline{z}^{\,3})/z\overline{z}$$
です．z^3 が実数でない場合を考えているので，$z^3 - \overline{z}^{\,3} \neq 0$ から $z\overline{z} = |z|^2 = 1$ となって，(6) は
$$z^3 + z^{-3} = 1 \quad (\overline{z} = 1/z)$$
となります．$z = \cos\theta + i\sin\theta$ とおくと，この方程式は
$$\cos 3\theta = 1/2 \implies 3\theta = \pm(\pi/3 + 2n\pi)$$
$$\theta = \pm\pi/9(20°), \pm 7\pi/9(140°), \pm 13\pi/9(260°)$$
です．最後の値は $\pm 5\pi/9(100°)$ としてもよいでしょう．残りの6個は，単位円周上の6点（本虚数解）
$$\exp(ik\pi/9), \quad k = \pm 1, \pm 5, \pm 7 \quad (7)$$
として与えられました．これらは円に内接する正九角形の頂点のうち -1 を頂点とする正三角形をなす計3点を除いた残りの，-1 の原始9乗根と解釈されます．

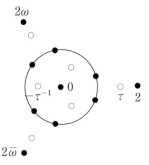

図3　$f_4 = 0$ の時　○は f_3 との共通解

第1部　代数学関係

5. 設問

今回の設問は少し難しいが，上述の $n=5$ の場合です．

━━━━━━━━━ 設問3 ━━━━━━━━━

上述の $n=5$ の場合に相当する方程式

$$f_5(z) = z^5 - 4z^3\overline{z} + 3z\overline{z}^2 + 3z^2 - 2\overline{z} = 0 \tag{8}$$

を満たす z を求めよ．但し $f_4 = 0$ との共有解 10 個（0, 2, 2ω, $2\omega^2$ と (7)）は既知なので，残る 15 個を求めればよい．

（解説・解答は 191 ページ）

▶ヒント　補助に $f_5 = f_6 = 0$ の解として $\overline{z}f_4 = f_3$ を考えるとよく，実数解は（0, 2 以外に）さらに 3 個あります．それらは正七角形と関連します（$f_3 = 0$ の τ, $-\tau^{-1}$ が正五角形と関連しているのと同様）．それらに ω, ω^2 を掛けて 9 個の準実数解を得ます．残る 6 個はある円周上の本虚数解 6 個です．必要ならコンピュータによる数値計算も歓迎します．

■ 第 4 話 ■

4 次方程式の解法 (1)

1. はじめに

　　4 次方程式の代数的解法は歴史的な興味や，理論面でガロワの理論への助走といった意味がありますが，現在では実用上の価値はほとんどないといってもよいでしょう．それにもかかわらず敢えて取り上げたのは，主として理論面の興味からです．

　　その解法も周知のフェラーリの解法の他，チルンハウスの解法やオイラーの解法など興味深い（そして必ずしも余り知られていない）方法があります．オイラーの解法については次話で紹介します．ここでは伝統的なフェラーリの解法に集中して解説します．最後にそれを使って実際に 4 次方程式を解く設問を提出します．

2. フェラーリの考え方

　　4 次方程式

$$ax^4 + bx^3 + cx^2 + dx + e = 0 \quad (a \neq 0) \tag{1}$$

において左辺が 2 個の 2 次式の積に因数分解できれば，2 個の 2 次方程式を解くことによって (1) が解けます．ここで $y = x^2$ と置けば (1) は x と y の 2 次式に書き換えられます．問題は cx^2 の項を y と x^2 とにうまく分けて (1) を因数分解することです．

　　x と y の一般的な 2 次式（伝統的な記法）

第 1 部　代数学関係

$$Ax^2 + By^2 + 2Hxy + 2Gx + 2Fy + C$$

$$(A = B = H = 0 \text{ ではない}) \tag{2}$$

を 0 とする点 (x, y) の軌跡は, いわゆる **2 次曲線** (円錐曲線) です.
(2) が 2 個の 1 次式の積に因数分解できるのは, 2 次曲線が 2 直線
に退化する場合です.

補助定理　そのための必要十分条件は (後に証明するとおり), 次の
係数行列式が 0 に等しいことである (証明は次節).

$$\begin{vmatrix} A & H & G \\ H & B & F \\ G & F & C \end{vmatrix} = 0 \tag{3}$$

これを (1) に適用します. x^2 の項に助変数 λ を入れて

$$ay^2 + bxy + (c - 2\lambda)x^2 + 2\lambda y + dx + e = 0 \tag{1'}$$

と変形すると, (3) は $(x, y$ を交換して)

$$\begin{vmatrix} a & b/2 & \lambda \\ b/2 & c-2\lambda & d/2 \\ \lambda & d/2 & e \end{vmatrix} = 0 \tag{4}$$

となります. これを展開すれば, λ に関する 3 次方程式

$$2\lambda^3 - c\lambda^2 + (bd/2 - 2ae)\lambda + aec - (b^2 e + ad^2)/4 = 0 \tag{5}$$

を得ます (**3 次分解方程式**). (5) を解いて λ を求め, (1') に代入し
てそれを $(\alpha y + \beta x + \gamma)(\alpha' y + \beta' x + \gamma')$ と因数分解できれば, 2 個の
2 次方程式

$$\alpha x^2 + \beta x + \gamma = 0, \quad \alpha' x^2 + \beta' x + \gamma' = 0 \tag{6}$$

を解いて (1) の解を得ます.

　　以上がフェラーリの解法の原理です. 図形的にいえば (1') で
$\lambda = 0$ とした 2 次曲線と $y = x^2$ との 4 交点を通る 2 次曲線族のう
ち, 2 直線に退化する場合を探したことになります. そのような λ

第4話　4次方程式の解法(1)

は一般に3通り（虚数も含めて）ありますが，それらは4点を2個ず
つ結ぶ方式3通りに対応します．いいかえれば λ のどれを使っても，
原方程式 (1) の4個の解 x_1, x_2, x_3, x_4 の組み合わせを (x_1, x_2)
と (x_3, x_4)，(x_1, x_3) と (x_2, x_4)，(x_1, x_4) と (x_2, x_3) の3通りに
変えただけで，全体として4個の解は同一です（実例は後述）．

　実用上実数係数の4次方程式 (1) に対し，(5) が1実数解2虚数
解をもつときには，λ の実数解を使うのが便利です．このとき (1)
は2実数解，2虚数解になります．(5) が3実数解をもつときには
「簡単な」数の解をとるのが楽です．どれも整数解といったときに
は，多くの場合最大の解 λ を選ぶのが便利です．この場合 (1) は4
実数解または2対の共役複素数解の組をもちます．特に後者の場
合因数分解した (6) の係数がすべて実数であるようにできれば計算
が楽です．こういった「技巧」は普通の数学の教科書には余り書い
てありません．「職人芸」と悪口をいわれそうですが，ささやかな経
験談です．

3. 補助定理の証明

　必要条件：(2) の左辺が (6) の左辺の積に因数分解されたとする
と，次の等式が成立する．

$$A = \alpha\alpha', \quad B = \beta\beta', \quad C = \gamma\gamma', \quad 2H = \alpha\beta' + \alpha'\beta$$
$$2G = \alpha\gamma' + \alpha'\gamma, \quad 2F = \beta\gamma' + \beta'\gamma \tag{7}$$

これらを行列式 (3) に代入して計算すれば0になる．それを確か
めるには展開して計算してもよいが，次のように考えると計算せず
にわかる．行列式を8倍（各行を2倍）すると，行列式全体は

$$\begin{vmatrix} \alpha\alpha' + \alpha'\alpha & \alpha\beta' + \alpha'\beta & \alpha\gamma' + \alpha'\gamma \\ \alpha\beta' + \alpha'\beta & \beta\beta' + \beta'\beta & \beta\gamma' + \beta'\gamma \\ \alpha\gamma' + \alpha'\gamma & \beta\gamma' + \beta'\gamma & \gamma\gamma' + \gamma'\gamma \end{vmatrix} \tag{3'}$$

第1部　代数学関係

となる．この各列は縦ベクトルとして

$$\alpha\begin{bmatrix}\alpha'\\\beta'\\\gamma'\end{bmatrix}+\alpha'\begin{bmatrix}\alpha\\\beta\\\gamma\end{bmatrix},\quad\beta\begin{bmatrix}\alpha'\\\beta'\\\gamma'\end{bmatrix}+\beta'\begin{bmatrix}\alpha\\\beta\\\gamma\end{bmatrix},\quad\gamma\begin{bmatrix}\alpha'\\\beta'\\\gamma'\end{bmatrix}+\gamma'\begin{bmatrix}\alpha\\\beta\\\gamma\end{bmatrix}$$

である．これらは (α,β,γ), (α',β',γ') を成分とする2個の縦ベクトルの一次結合であり，全体として一次従属だから，行列式 (3') は 0 に等しい．　□

十分条件： Ax^2+By^2+2Hxy は $(\alpha x+\beta y)\times(\alpha'x+\beta'y)$ と因数分解できる．但し係数が複素数になることもある．$\alpha:\beta\neq\alpha':\beta'$ ならば，γ, γ' を未知数として (7) の最後の2式を連立一次方程式として解くことができる．このとき (3) $=0$ によって $C=\gamma\gamma'$ は自動的に成立し，(6) の形に因数分解できる．

もしも $\alpha:\beta=\alpha':\beta'$ ならば $Ax^2+By^2+2Hxy=A(x+\mu y)^2$ と変形できる（必要なら x, y を交換）．条件式 (3) から $2Gx+2Fy=K(x+\mu y)$ とまとめることができる．(2) の左辺は $z=x+\mu y$ と置くと

$$Az^2+Kz+C$$

の形になるので，z の1次式2個（同一の式のこともある）の積に因数分解される．　□

後半は具体的な因数分解の手法をも示しています．

4.　一つの実例

4次方程式

$$x^4-25x^2-60x-36=0 \tag{8}$$

を考えます．3次分解方程式 (5) は

$$2\lambda^3+25\lambda^2+72\lambda+900-30^2=0 \tag{9}$$

となり，定数項が 0 になるので $\lambda=0$ が一つの解です（他の解は

第4話　4次方程式の解法(1)

-8 と $-9/2$). 実は (8) の 2 次以下の項は $-(5x+6)^2$ であり, (8) は直ちに

$$(x^2)^2 - (5x-6)^2 = (x^2 + 5x + 6)(x^2 - 5x - 6)$$
$$= (x+2)(x+3)(x+1)(x-6)$$

と因数分解できて, 全体として 4 個の解 $x = -1, -2, -3, 6$ を得ます. □

もし $\lambda = -8$ を使えば

$$x^4 - 9x^2 - 16x^2 - 60x - 36 = (x^2 + 3x + \gamma)(x^2 - 3x + \gamma'),$$
$$\gamma + \gamma' = -16, \ 3(\gamma' - \gamma) = -60$$

から $\gamma = 2, \ \gamma' = -18$ となり

$$与式 = (x+1)(x+2) \times (x+3)(x-6)$$

と因数分解されます. $\lambda = -9/2$ を使えば

$$x^4 - 16x^2 - 9x^2 - 60x - 36 = (x^2 + 4x + \gamma)(x^2 - 4x + \gamma'),$$
$$\gamma + \gamma' = -9, \ 4(\gamma' - \gamma) = -60$$

から $\gamma = 3, \ \gamma' = -12$ となり

$$与式 = (x+1)(x+3) \times (x+2)(x-6)$$

となります. この例は 4 次方程式を解く実例としてはむしろ不適切ですが, λ のとり方により, 4 個の解の組合せが異なって現れる状況を明示するために取り上げました.

5. フェラーリの解法の意味

近年は忙しくなったせいか,「解ければよい；解法の原理の説明など無用の長物」といった態度の学生が増えているようです (この本の読者諸賢はいかがですか). それも一つの立場ですが, 解法を正しく理解するには, 一歩掘り下げることが望まれます.

(1) の 4 個の解を x_1, x_2, x_3, x_4 とし, (6) の前者の解を $x_1, x_2,$

27

第1部　代数学関係

後者の解を x_3, x_4 とすると，解と係数の関係から

$$x_1 + x_2 = -\beta/\alpha, \quad x_1 x_2 = \gamma/\alpha,$$
$$x_3 + x_4 = -\beta'/\alpha', \quad x_3 x_4 = \gamma'/\alpha'$$

です．(1')と(7)(x, yを交換)から

$$2\lambda = 2G = \alpha\gamma' + \alpha'\gamma = \alpha\alpha'\left(\frac{\gamma}{\alpha} + \frac{\gamma'}{\alpha'}\right)$$
$$= a(x_1 x_2 + x_3 x_4) \Longrightarrow \lambda = (x_1 x_2 + x_3 x_4)a/2$$

です．同様に3次分解方程式の他の解は

$$(x_1 x_3 + x_3 x_4)a/2, \quad (x_1 x_4 + x_2 x_3)a/2$$

を表します．定数 $a/2$ を無視すれば，3個の λ は

$$x_1 x_2 + x_3 x_4, \quad x_1 x_3 + x_2 x_4, \quad x_1 x_4 + x_2 x_3 \tag{10}$$

に相当します．番号 (1, 2, 3, 4) の任意の置換によって (10) の3項は互いに移り変わるだけです．それらの基本対称式は対称式となり (1) の係数で表されます．(10) を解とする3次方程式はかなり厄介で，現在では数式処理システムを使って計算するのが適当と思いますので，結果だけを示します．

$$t^3 - \frac{c}{a}t^2 + \frac{bd - 4ae}{a^2}t - \frac{bc^2 + ad^2 - 4ace}{a^3} = 0$$

これは実質的に (定数倍の変数変換で) (5) に帰着します．(10) を中間的データとして (1) の解を求めるのが**ラグランジュの解法**です．(10) は4次の交代群に含まれる「クラインの四群」とよばれる正規部分群 { 単位元, (1 2)(3 4), (1 3)(2 4), (1 4)(2 3) } に関する不変量です．ガロワの理論からいえば，4次の対称群が可解であって，4次方程式が代数的に解けること (および具体的な解法) を示しています．

　前節の例 (8) では解を $x_1 = -1$, $x_2 = -2$, $x_3 = -3$, $x_4 = 6$ とすると，(10) は順次 -16, -9, 0 となります．3次分解方程式 (9) の解はちょうどこれらの1/2倍 (-8, $-9/2$, 0) となっています．

　なおラグランジュの解法それ自体では例えば $p = x_1 x_2 + x_3 x_4$ を得れば，まず $(x_1 x_2)(x_3 x_4) = e/a$ と併せて $x_1 x_2$, $x_3 x_4$ を求め

第 4 話　　4 次方程式の解法 (1)

ます．　次に $u = x_1 + x_2$, $v = x_3 + x_4$ を $u + v = -b/a$ および $u(x_3 x_4) + v(x_1 x_2) = -d/a$ によって求め，必要なら

$$uv = x_1 x_3 + x_1 x_4 + x_2 x_3 + x_2 x_4 = c/a - p$$

で検算します．あとは和と積から x_1, x_2；x_3, x_4 を求めるという手順を踏みます．これは解法の経過の差にすぎません．他にも多少の変形が工夫できます．

━━━━━━━━ 設 問 4 ━━━━━━━━

次の 4 次方程式を解け．

$$16x^4 + 8x^3 - 16x^2 - 8x + 1 = 0$$

（解説・解答は 193 ページ）

29

第5話

4次方程式の解法 (2)

1. 趣旨

　前話で4次方程式の代数的解法を論じ，また第2話の末尾で3次方程式に触れました．「特殊な問題だが奥が深い」という御意見もあり，もう少し論ずる必要を感じました．前話で名前だけを挙げた**オイラーの方法**を中心に，3次方程式から出発して再論します．今説の設問は「問題のための問題」だが御容赦下さい．

2. 3次方程式の解法（再考察）

$$a^3+b^3+c^3-3abc=(a+b+c)(a^2+b^2+c^2-ab-bc-ca)$$

$$(1)$$

という因数分解式があり，これは3乗式の公式からでますが，行列式の計算からもでます．

$$\begin{vmatrix} a & b & c \\ c & a & b \\ b & c & a \end{vmatrix} = \begin{vmatrix} a+b+c & b & c \\ a+b+c & a & b \\ a+b+c & c & a \end{vmatrix} \quad \text{（列の和）}$$

$$= (a+b+c)\begin{vmatrix} 1 & b & c \\ 1 & a & b \\ 1 & c & a \end{vmatrix}$$

です．この左辺は(1)の左辺に等しく，右辺の行列式は，展開すると(1)の右辺の第2項になります．　　　　　　　□

第1部　代数学関係

(1)で c を x に変えると次の式になります．

$$x^3 - 3abx + (a^3 + b^3) = (x + a + b)[x^2 - (a+b)x + a^2 - ab + b^2]$$
(2)

さて一般の3次方程式 $Ax^3 + Bx^2 + Cx + D = 0$ $(A \neq 0)$ を A で割り，変換 $t = x + B/3A$ により

$$t^3 - 3pt + 2q = 0,$$
(3)

$$p = (B^2 - 3AC)/9A^2,$$

$$q = (2B^3 - 9ABC + 27A^2 D)/54A^3$$

と変形します．(3)と(2)を比べると，p, q から

$$p = ab, \quad 2q = a^3 + b^3$$
(4)

を満たす a, b が求まれば，(3)は(2)$= 0$ の形で

$$x = -(a+b), \ x = [a + b \pm \sqrt{-3(a-b)^2}]/2$$
(5)

と解くことができます．(4)の解は2次方程式

$$s^2 - 2qs + p^3 = 0$$
(6)

を解いてその3乗根をとって，a, b が求められます．但し(6)の解 s が実数とは限りません．

(5)の後の式を変形整理すると，これはタルタリア・カルダノの解法と同じ計算になります．

3次方程式について述べたい注意がいくつかありますが，今話の主題ではないのでこれ以上論じません．これを持ち出したのは，上のような行列式の活用が4次の場合にも有用なためです．

3. 4次の場合（行列の計算）

天降り的ですが，次の結果から始めます．前節の行列式の4次版です．

補助定理1　4次の行列式について

32

第5話　4次方程式の解法(2)

$$\begin{vmatrix} x & a & b & c \\ a & x & c & b \\ b & c & x & a \\ c & b & a & x \end{vmatrix} = \begin{aligned} &(x+a+b+c)(x+a-b-c) \\ &\times (x-a+b-c)(x-a-b+c) \end{aligned} \qquad (7)$$

証明　直接に展開して因数分解することも可能だが，次のように行列を活用するとよい．(7)の左辺の行列を A とおき，4次のアダマール行列(直交行列)として

$$U = \begin{bmatrix} 1 & 1 & 1 & 1 \\ 1 & 1 & -1 & -1 \\ 1 & -1 & 1 & -1 \\ 1 & -1 & -1 & 1 \end{bmatrix}, \quad \begin{aligned} &U^2 = 4I \\ &(I \text{ は単位行列}) \end{aligned}$$

を考える．(7)の右辺の4項を順次 $\alpha, \beta, \gamma, \delta$ とおき，$\alpha, \beta, \gamma, \delta$ を成分とする対角線行列を D と表すと．直接に行列の積の計算により，

$$U^{-1}AU = D, \quad U^{-1} = (1/4)U$$

を得る．これから行列式は $|A| = |D| = \alpha\beta\gamma\delta$ となる．　　□

4. オイラーの解法

定理2　a, b, c を定数とするとき4次方程式

$$x^4 - 2(a^2+b^2+c^2)x^2 + 8abcx + a^4 + b^4 + c^4$$
$$- 2(a^2b^2 + a^2c^2 + b^2c^2) = 0 \qquad (8)$$

の解は次の4個である．

$$x_1 = -(a+b+c), \ x_2 = -a+b+c,$$
$$x_3 = a-b+c, \ x_4 = a+b-c \qquad (9)$$

証明　(7)の右辺を展開すれば

$$[(x+a)^2 - (b+c)^2][(x-a)^2 - (b-c)^2]$$
$$= (x^2-a^2)^2 + (b^2-c^2)^2 - (x+a)^2(b-c)^2$$
$$- (x-a)^2(b+c)^2$$

33

第1部　代数学関係

$$= x^4 - 2a^2x^2 + a^4 + b^4 + c^4 - 2b^2c^2$$
$$\quad - 2(b^2 + c^2)(x^2 + a^2) + 2ax \cdot 4bc$$
$$= x^4 - 2(a^2 + b^2 + c^2)x^2 + 8abcx$$
$$\quad + a^4 + b^4 + c^4 - 2a^2b^2 - 2a^2c^2 - 2b^2c^2$$

である．したがって(8)の左辺は(7)のように因数分解され，(8)の解は(9)で与えられる． □

別証　(9)を(8)に代入して0になることを確かめる．(7)の行列式を活用するとよい． □

　4次方程式は変数の平行移動により，つねに
$$x^4 + Ax^2 + Bx + C = 0 \tag{10}$$
と標準化して一般性を失いません．(10)と(8)を比較して
$$a^2 + b^2 + c^2 = -A/2, \quad a^2b^2c^2 = (B/8)^2$$
$$a^2b^2 + a^2c^2 + b^2c^2 = [(A/2)^2 - C]/4 = A^2/16 - C/4$$
となります．これから a^2, b^2, c^2 を解とする3次方程式
$$t^3 + (A/2)t^2 + (A^2 - 4C)t/16 - B^2/64 = 0 \tag{11}$$
を得ます．(11)の3個の解 t_1, t_2, t_3 の平方根 a, b, c をとり，それらの符号を
$$a^2 = t_1, \ b^2 = t_2, \ c^2 = t_3, \ abc = B/8 \tag{12}$$
となるようにうまく選びます．このとき(9)の4個がもとの4次方程式(10)の解になります． □

　以上が**オイラーの解法**です．この方法のよい点は，実数係数のとき，(11)の解による判定が容易なことです．(重複解の吟味を除いて)すべて単純解とすると，t_1, t_2, t_3 が

　　1実解，2虚解なら　(10)は2実解，2虚解

　　3実解のとき(積が正なので)全部が正なら(10)は4実解；

　　1個正，2個負なら4虚解

となります．

第5話　4次方程式の解法(2)

5. オイラーの解法の意味

行列(7)は導入として述べただけで，要は(8)の左辺を(7)のように因数分解することです．これは(8)の定数項が

$$(a+b+c)(a-b-c)(-a+b-c)(-a-b+c)$$

と因数分解できることから直接にもできます．

(8)に前話で述べたフェラーリの解法を適用すると，その3次分解方程式の解 λ_1, λ_2, λ_3 は(11)の解 t_1, t_2, t_3 により

$$\lambda_1=t_1-t_2-t_3, \quad \lambda_2=-t_1+t_2-t_3,$$
$$\lambda_3=-t_1-t_2+t_3 \tag{13}$$

と表され，結局は同じ解に到達します(当然!)．逆に

$$a^2=t_1=-(\lambda_2+\lambda_3)/2, \quad b^2=t_2=-(\lambda_3+\lambda_1)/2,$$
$$c^2=t_3=-(\lambda_1+\lambda_2)/2$$

と表すことができます．その意味でオイラーの解法も，3次分解方程式を少しく変形した方法と解釈できます．

上述の関係は前話で述べたとおり，(10)の4解を x_1, x_2, x_3, x_4 と表すと，λ_i が x_j によって

$$\{\lambda_1, \lambda_2, \lambda_3\}=\{(x_1x_2+x_3x_4)/2,$$
$$(x_1x_3+x_2x_4)/2, (x_1x_4+x_2x_3)/2\}$$

と表されることから証明できます．これ以上再度論ずることは控えます．

6. 実例

オイラーの方法は虚数解がある場合にも有用ですが，3次方程式の3個の解を求めるのが大変な場合が多く，平方根の採り方(符号)にも注意を要します．以下の例は一種の「人工的な典型例」で，フェラーリの解法でも容易に解けますが，練習の意味でオイラーの方

第1部　代数学関係

法を使います.

例1　$x^4 - 6x^2 + 16x + 21 = 0.$

$a^2 + b^2 + c^2 = 3,\ abc = 2,$

$a^2b^2 + a^2c^2 + b^2c^2 = (3^2 - 21)/4 = -3$

です. 所要の3次方程式は $t^3 - 3t^2 - 3t - 4 = 0$; その一つの解は $t = 4$, 全体は $(t-4)(t^2+t+1)$ と因数分解され

$$\{a^2,\ b^2,\ c^2\} = \{4,\ \exp(2\pi i/3),\ \exp(-2\pi i/3)\} \qquad (14)$$

です. この平方根の符号を原方程式と合うように作ると

$$a = \sqrt{t_1} = 2,\quad b = \sqrt{t_2} = \exp(\pi i/3),$$
$$c = \sqrt{t_3} = \exp(-\pi i/3)$$

となり, 解は次の4個です:

$$-(a+b+c) = -3,\quad -a+b+c = -1,$$
$$a-b+c = 2-\sqrt{3}\,i,\quad a+b-c = 2+\sqrt{3}\,i.$$

原方程式のフェラーリの3次分解方程式は

$$\lambda^3 + 3\lambda^2 - 21\lambda - 95 = (\lambda-5)(\lambda^2+8\lambda+19) = 0$$

です. $\lambda_1 = 5$ から $(x^2+4x+3)(x^2-4x+7)$ と因数分解できて, 同じ答 $-1,\ -3,\ 2\pm\sqrt{3}\,i$ を得ます. 3次分解方程式の他の解 $\lambda_2,\ \lambda_3$ は $-4\pm\sqrt{3}\,i$ であり, t_i と関係式 (13) で結ばれています. この場合には $t_2,\ t_3$ は複素数ですが, 平方根はド・モアブルの公式によって容易に計算できます.

例2　$x^4 - 18x^2 - 32x - 15 = 0.$

$a^2 + b^2 + c^2 = 9,\ abc = -4,$

$a^2b^2 + a^2c^2 + b^2c^2 = (9^2 + 15)/4 = 24$

で, 所要の3次方程式は $t^3 - 9t^2 + 24t - 16 = 0$ です. 左辺は $(t-1)(t-4)^2$ と因数分解でき, 解は4(重解)と1です. このような重解の場合には, 重解の平方根を**正と負に採り**, 残りの単純解の

36

第5話　4次方程式の解法(2)

平方根の符号を合わせる必要があり，この場合は
$$a = 2,\ b = -2,\ c = 1$$
となります．解は次の4個で，-1 が重解です．
$$-(a+b+c) = -1,\ -a+b+c = 3,$$
$$a-b+c = 5,\ a+b-c = -1$$
原方程式のフェラーリの3次分解方程式は
$$\lambda^3 + 4\lambda^2 + 15\lambda + 7 = (\lambda+1)^2(\lambda+7) = 0$$
であり，解は $\lambda = -1$（重解）と -7 です．$t_i = \{1, 4, 4\}$ と関係式
(13)にご注意下さい．ここで $\lambda = -7$ を使うと，もとの4次式が
$$(x^2+2x+1)(x^2-2x-15) = (x+1)^2(x+3)(x-5) \tag{15}$$
と因数分解でき，解 -1（重解），-3, 5 を得ます．$\lambda = -1$ を使え
ば，解の組み合わせが変わり
$$(x^4+4x+3)(x^2-4x-5) = (x+1)(x+3)(x+1)(x-5)$$
と因数分解されます（当然全体の解は同一）．

　もとの方程式が3重解をもつ場合などさらに多くの変種がありま
すが，その吟味は細かい話になりすぎるので省略します．但し重解
がある場合には，$p(x) = 0$ と $p'(x) = 0$ との共通解から重解が求め
られるので，一般論にこだわらずこの性質を活用することをお勧め
します．前述の例2では，$p'(x) = 4(x^3-9x-8)$ と $p(x)$ との最大
公因子は互除法で計算して $x+1$ であり，因数分解(15)を得ます．

━━━━━━━━━━ **設問5** ━━━━━━━━━━

次の4次方程式を解け．
$$x^4 + 480x + 1924 = 0.$$

（解説・解答は 198 ページ）

37

第6話

ナゴヤ三角形

1. ナゴヤ三角形とは？

「ナゴヤ三角形」とは私の戯称です．3辺の長さが整数で一つの角が60°である三角形を，「ピタゴラス三角形」に対してそう呼びました．語源はその最も小さい例の3辺が5：7：8なので，７５８（ナゴヤ）としゃれた次第です．

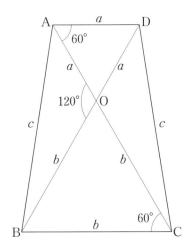

図1　ナゴヤ三角形 ABC

図1の △ABC がその一例ですが（∠C = 60°），便宜上 AB = c，BC = b，AC = s = $a+b$ と置きました．ここで

$$s^2 - sb + b^2 = c^2 \tag{1}$$

が成立し，これがナゴヤ三角形の条件です．このとき $a = s - b$ とおくと

$$s^2 - sa + a^2 = sb + (s-b)^2 = s^2 - sb + b^2 = c^2 \tag{1'}$$

が成立し，3辺の長さが s, a, c である三角形（図では △ACD）もナゴヤ三角形です．さらに図1で AC と BD との交点を O とするとき，△ADO，△BCO は正三角形で △OAB は3辺の長さが a, b, c，∠AOB = 120° で，等式

$$a^2 + ab + b^2 = c^2 \tag{2}$$

が成立します．(2) が成立する三角形を**アイゼンスタイン三角形**とよぶことがあります（このほうは公式的な名）．ナゴヤ三角形を扱うには単独でなく図1のように組み合わせた形で考えるのが便利です．なお正三角形自身は，この形にすると退化が生じるので，普通にはナゴヤ三角形からは除外します．

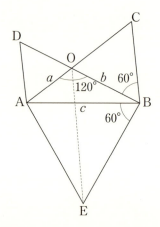

図2　$a^2 + b^2 + ab = c^2$ の証明

第6話　ナゴヤ三角形

2. アイゼンスタイン三角形の性質

　　△OAB で ∠O = 120°，　OA = a，　OB = b，　AB = c とする
とき，等式 (2) が成立するのは余弦定理から明らかですが，この関
係式は以下のように幾何学的に証明できます（図2）．辺 OA, OB,
AB の外側に正三角形 OAD, OBC, ABE を作ります（記号は図1
と合わせる）．△OAD, △OAB, △OBC の面積比は $a^2 : ab : b^2$ で
あり，これらの和が面積比 c^2 に相当する △ABE と等面積である
ことを示せばよいわけです．しかし ∠O = 120° で AOC, BOD は
それぞれ一直線上にあり，△EBO は △ABC を B のまわりに 60°
回転させた三角形であって，互いに合同です（古典幾何学的にいえ
ば二辺夾角の合同）．同様に △ABD は △AEO と合同であり，| |
で面積を表すと

$$|\triangle ABE| + |\triangle OAB| = |\triangle OAE| + |\triangle OBE|$$
$$= |\triangle ABD| + |\triangle ABC|$$
$$= |\triangle OAD| + |\triangle OBC| + 2|\triangle OAB|$$

です．$|\triangle OAB|$ を両辺から引けば所要の等式です．　　　　□

　　これは今回の主題からは「余興」ですが，本来の三平方の定理の
証明よりもかえって簡単な印象なので紹介しました．

3. ナゴヤ三角形の表現 (1) 準備

　　前述の記号で a, b, c, s が互いに素な場合を**原始的** (primitive)
とか**既約**とよびます．原始的なナゴヤ三角形は適当な正の整数
$m, n\,(0 < n < m)$ により

$$\{a,\ b\} = \{m^2 - n^2,\ 2mn + n^2\},$$
$$c = m^2 + mn + n^2,\ s = m^2 + 2mn \tag{3}$$

41

第1部　代数学関係

と一通りに表されます．第1式は a, b それぞれが右辺のどちらか
の式で表されるという意味です．この証明が今話の主題です．以前
数学セミナー（2010年4月号，解答は7月号）の「エレガントな解
答をもとむ」にナゴヤ三角形を出題したとき，解答の折にこの事実
の証明をもという要望が何人かの方からありましたが，長くなるの
でそこでは文献の引用に留めました．今回改めてその証明をいたし
ます．

その証明の基礎は，本質的には素因数分解の一意性です．難し
くはないが手間がかかります．

その前に若干注意をします．（3）のように与えられた a, b, c
がナゴヤ三角形（あるいはアイゼンスタイン三角形）を表すことは
直接に（1）（1'）（2）に代入して計算すればわかります（直接の計算；
$(m^2+mn+n^2)^2 = m^4+2m^3n+3m^2n^2+2mn^3+n^4$ に注意）．原
始的になるためには m, n が**互いに素**なことが必要条件ですが，さ
らに $m-n$ が**3 の倍数でない**ことが必要です．$m-n$ が 3 の倍数
だと，（3）の各項はすべて 3 の倍数になります．それらを 3 で割る
と，$n'=(m-n)/3$, $m'=n+n'$ に対して作った（3）と同じになり
ます（a, b の表現の形が入れ換わる）．逆に m, n が互いに素であ
り，$m-n$ が 3 の倍数でなければ，（3）の a, b, c, s は互いに素にな
ります（証明は解答末尾の付記参照，201 ページ）．

ここで「互いに素」といったのは，理論上の本来の意味は
a, b, c, s 4数全体の公約数が 1 だけという意味です．しかしこ
の場合には，任意の 2 個ずつがすべて互いに素になります．（1）（1'）
（2）から，a, b, s のどの 2 個についても素数の公約数 p があれば，
p は a, b そして c を整除します．また c と a, b, s のいずれかが素
数の公約数 p をもてば，p は a, b, s の残りの量をも整除し，全体
として互いに素ではなくなります．

このことから a, b は両方とも奇数かまたは一方が偶数他方が奇
数であり，いずれにしても c は**奇数**です．

第 6 話　ナゴヤ三角形

補助定理 1　原始的なナゴヤ三角形に対し $b-a$ は 3 の倍数ではない.

補助定理 2　同じ場合にもし a, b とも奇数ならば, 和 $s = a+b$ は 8 の倍数である.

証明　補助定理 1. もし 3 の倍数なら (2) を変形して
$$c^2 = a^2 + ab + b^2 = (b-a)^2 + 3ab$$
は 3 の倍数である. しかも $(b-a)^2$, c^2 はともに 9 で割り切れるから ab は 3 で割り切れ, a, b の一方が 3 の倍数になる. このとき $b-a$ も 3 の倍数だから, a も b もともに 3 で割り切れて a, b, c, s が互いに素ではなくなる.　　　　　□

　補助定理 2. 奇数の 2 乗を 8 で割ると 1 余ることに注意する. a が奇数だから
$$b(a+b) = ab + b^2 = c^2 - a^2$$
は 8 で割り切れ, b も奇数だから偶数の $a+b$ は 8 の倍数になる.

　　　　　　　　　　　　　　　　　　　　　　　　□

　以下しばらく a を奇数と仮定して進みます. (2) を 4 倍すると
$$(2c)^2 = 4a^2 + 4ab + 4b^2 = 3(a+b)^2 + (a-b)^2$$
$$= 3s^2 + t^2 \ (t = a-b \ とおく) \tag{4}$$
です. ここでもしも $2c+t$ と $2c-t$ とが互いに素ならば, どちらか一方が完全平方数で他方は完全平方数の 3 倍と進むのですが, $2c \pm t$ は必ずしも互いに素とは限りません！ b も奇数なら t が偶数で, $2c \pm t$ の両方とも 2 で割り切れます. この点がピタゴラス三角形の場合よりも厄介になる一つの理由です. 次節でまず両者の最大公約数を調べます.

43

第1部　代数学関係

4. ナゴヤ三角形の表現 (2) 最大公約数

補助定理3　上記の記号を続けて使う. b が偶数で t が奇数のとき
は奇数の $2c+t$, $2c-t$ は互いに素である. b が奇数で t が偶数な
らば，$2c \pm t$ の最大公約数は4である.

証明　まず3以上の素数の公約数 p がないことを示す. もしあれば
両者の和 $4c$ と差 $2t$ を p が割り切るが，p は奇数だから，c, t を整
除する. したがって (4) から $3s^2$ を整除する. $p \neq 3$ なら p は s を
整除し $s+t = 2a$, $s-t = 2b$ をも整除するから原始的でなくなる.
$p = 3$ も同様にできるが，補助定理1により t は3の倍数でないか
ら矛盾になる. これから前半が出たが，以上の議論は後半の場合も
正しい.

　次に後半を示す. 上述の議論から両者の最大公約数は2の累乗
に限る. a も b も奇数なので補助定理2から $s = a+b$ は8の倍数
である. したがって $s^2 = 4c^2 - t^2$ は $8^2 = 64$ で割り切れる. 他方
$2c \pm t$ の和 $4c$ は奇数の4倍だから $2c+t$, $2c-t$ の双方ともが8
で割り切れることはない. すなわち両者の最大公約数は2か4であ
る. しかし2とすると一方が2の奇数倍で他方も4の奇数倍からの
差だから，双方の積は4の奇数倍になり，64で割り切れない. 結局
最大公約数は4であり，$2c \pm t$ の一方が4の奇数倍，他方が16の
倍数になる.　　　　　　　　　　　　　　　　　　　　　　□

　そこで $2c \pm t$ の最大公約数を $d (=1$ または $4)$ とおき，
$2c+t = du$, $2c-t = dv$ とおけば，u と v とは互いに素であり，
$d^2 uv = 3s^2$ が成立します. これから u, v の一方は完全平方数 k^2
であり，他方は $3l^2$ と表されると結論できます.

補助定理4　ここで u, v のどちらが k^2, $3l^2$ と表されたとしても，
必ず $k > l$ が成立する.

44

証明 a, b の大小関係が定まっていないので $t < 0$, $2c + t < 2c - t$ のこともあるのに注意する．ここで必要なら a, b を交換して $t > 0$, $2c + t > 2c - t$ とし $u > v$ と標準化する．$u = k^2 > v = 3l^2$ ならもちろん $k > l$ である．定理の主張は $u = 3l^2$, $v = k^2$ であっても $k > l$ という事実である．このとき

$$3k^2 - 3l^2 = 3v - u = 3(2c - t) - (2c + t) = 4c - 4t$$

だが，$|t| = |a - b| < \max(a, b) < c$ が成立するので $4(c - t) > 0$ である．$k, l > 0$ だから $k^2 > l^2$ から $k > l$ をえる． $\square$

5. ナゴヤ三角形の表現 (3) 式 (3) の証明

場合を分けます．まず a, b の一方が偶数，他方が奇数で t が奇数，$d = 1$ のときを考えます．このときは上記の記号で k, l とも奇数なので $(k + l)/2 = n$, $(k - l)/2 = j\,(> 0)$ とおくと，$3s^2 = 3k^2 l^2$ から

$$s = a + b = kl = (j + n)(j - n) = j^2 - n^2,$$
$$4c = k^2 + 3l^2 = (j + n)^2 + 3(j - n)^2 = 4(j^2 - jn + n^2),$$
$$\pm 2t = k^2 - 3l^2 = (j + n)^2 - 3(j - n)^2$$
$$= -2(j^2 - 4nj + n^2)$$

です．$j - n = m(= l)$ すなわち $j = m + n$ と置き換えると

$$s = m^2 + 2mn, \quad \pm t = 2n(m + n) - m^2$$
$$c = (m + n)^2 - (m + n)n + n^2 = m^2 + mn + n^2$$

と表されます．必要に応じて a, b を交換すれば

$$t = b - a = 2mn + 2n^2 - m^2,$$
$$a = (s - t)/2 = m^2 - n^2 > 0,$$
$$b = (s + t)/2 = 2mn + n^2$$

と表され，$m > n > 0$ で表現 (3) をえました． $\square$

第1部　代数学関係

　次に a, b が両方とも奇数で $d = 4$ のときを考えます．このとき
には補助定理3の証明の末尾での注意から，$k^2, 3l^2$ の一方は奇
数，他方が偶数で s は8の倍数です．$k + l = j,\ k - l = n\,(> 0)$
とおくと

$$s = 4kl = (j - n)(j + n) = j^2 - n^2,$$
$$4c = 4(k^2 + 3l^2) = (j + n)^2 + 3(j - n)^2$$
$$= 4(j^2 + n^2 - jn),$$
$$\pm t = 2(k^2 - 3l^2) = [(j + n)^2 - 3(j - n)^2]/2$$
$$= -(j^2 + n^2 - 4jn)$$

と表されます．$j - n = m$ と置き換えると，必要なら a, b を入れ替
えて

$$c = m^2 + mn + n^2, \quad s = m^2 + 2mn,$$
$$t = 2mn + 2n^2 - m^2,$$

です．$t = a - b$ として $a = 2mn + n^2,\ b = m^2 - n^2\ > 0$ となり，
表現(3)に達しました．　　　　　　　　　　　　　　　　□

　m, n は以上の証明の経過をたどれば自然に導かれますが，(3)の
表現から直接に求める算法もいろいろあります(199 ページ参照)．

　参考までにナゴヤ三角形の例を次ページの表1に挙げます．

46

第6話　ナゴヤ三角形

表1　原始的ナゴヤ三角形の例

a, b は大小によらず式の形で定めた

$a(= m^2 - n^2)$	$b(= 2mn + n^2)$	s	c	m	n
3	5	8	7	2	1
8	7	15	13	3	1
5	16	21	19	3	2
7	33	40	37	4	3
24	11	35	31	5	1
16	39	55	49	5	3
9	56	65	61	5	4
35	13	48	43	6	1
11	85	96	91	6	5
45	32	77	67	7	2
40	51	91	79	7	3
24	95	119	109	7	5
63	17	80	73	8	1
55	57	112	97	8	3

6. 設問

次の問のうち [1] は数学セミナーに出題したものと同一ですが，重要な論点なので改めて問題とします．[2] と併せて答えて下さい．必要なら表の数値で「実験」して下さい．

━━━━━━━━━━━━━ **設 問 5** ━━━━━━━━━━━━━

[1] 原始的なナゴヤ三角形およびその関連の上述の記号を使う．このとき a, b のどちらが $m^2 - n^2$ で，他が $2mn + n^2$ の形であるかを，m, n を求めず直接に判定する算法を工夫してほしい．

[2] 上記の記号で積 $abcs$ は必ず $840 = 2^3 \times 3 \times 5 \times 7$ の倍数であることを証明せよ．

（解説・解答は 199 ページ）

47

第**7**話

四角い三角

1. 標題の意味

いささか奇抜な題ですが，これは戯称です．それは**三角数**

$$T_m = \frac{m(m+1)}{2} = 1+2+\cdots+m$$

が**完全平方数**（四角数）$S_n = n^2$ と等しくなる場合をそうよんだ次第です．具体例として次の数がそうです．

$$1,\ 36,\ 1225,\ 41616,\ 1413721,\ \cdots \qquad (1)$$

これらは不定方程式

$$m(m+1)/2 = n^2 \qquad (2)$$

の解から構成されます．8倍して整理すると

$$(2m+1)^2 - 2(2n)^2 = 1,\ \ \text{すなわち}\ x^2 - 2y^2 = 1 \qquad (3)$$

という**ペル方程式**になります．その一般解法は整数論の少し詳しい教科書に載っておりますが，以下では直接に (3) を解いてみます．(3) の解は x が奇数，y が偶数（$x^2 \equiv 1 \pmod 8$ による）であり，

$$m = (x-1)/2,\quad n = y/2$$

とおけば，その m, n が (2) を満たします．

2. ペル方程式の特殊解

(3) を一般化して $u^2 - 2v^2 = \pm 1$ とし，左辺を形式的に

第1部　代数学関係

$(u+\sqrt{2}\,v)(u-\sqrt{2}\,v)$ と因数分解するならば，$k=0,1,2,\cdots$ について

$$u_k+\sqrt{2}\,v_k=(1+\sqrt{2})^k,$$
$$u_k-\sqrt{2}\,v_k=(1-\sqrt{2})^k \tag{4}$$

で定まる正の整数 $u_k,\,v_k$ は，2次の不定方程式

$$u_k{}^2-2v_k{}^2=(-1)^k \quad(=\pm1)$$

を満足します．この定義から $(u_k,\,v_k)$ は漸化式

$$u_{k+1}=u_k+2v_k,\ v_{k+1}=u_k+v_k \tag{5}$$

を満足します．(5)から容易に一つとびの漸化式

$$u_{k+2}=3u_k+4v_k,\quad v_{k+2}=2u_k+3v_k \tag{6}$$

を得ます．これは行列で表現すると容易かもしれません．ここで $x_k=u_{2k},\ y_k=v_{2k}$ とおけば

$$x_k{}^2-2y_k{}^2=1,\qquad x_k\pm y_k\sqrt{2}=(3\pm2\sqrt{2})^k$$
$$x_{k+1}=3x_k+4y_k,\quad y_{k+1}=2x_k+3y_k \tag{6'}$$

となります．(6')から $x_k,\,y_k$ のおのおのの三項漸化式

$$x_{k+1}=6x_k-x_{k-1},\quad y_{k+1}=6y_k-y_{k-1} \tag{7}$$

が導かれます．

略証　$x_{k+1}=3x_k+4y_k$ から $x_k=3x_{k-1}+4y_{k-1}$ の3倍を引けば

$$x_{k+1}-3x_k=3x_k-9x_{k-1}+4(y_k-3y_{k-1})$$
$$=3x_k-9x_{k-1}+4\times2x_{k-1}$$
$$=3x_k-x_{k-1}.$$

y_{k+1} も同様に計算できる．　　　　　　　　　　□

(7)から $x_k,\,y_k$ は2次方程式 $t^2-6t+1=0$ の2個の解 $\alpha=3+2\sqrt{2},\ \beta=3-2\sqrt{2}$ を使い，初期値から係数を定めて

$$x_k=(\alpha^k+\beta^k)/2,\quad y_k=(\alpha^k-\beta^k)/2\sqrt{2}$$

とも表されます(定義から直接にも導かれる)．

この $(x_k,\,y_k)$ は (3) の「特殊解」ですが，実はそれが「一般解」(解のすべて)であることが証明できます．それを次節で示します．

50

3. 前記方程式の一般解

前節の最後の結果はもちろんペル方程式の一般論から直接に導かれますが，以下では「徒手空拳型」の直接の証明を試みます．前節の記号で最初のほうは

$$x_0 = 1,\ y_0 = 0\ ;\ x_1 = 3,\ y_1 = 2\ ;$$
$$x_2 = 17,\ y_2 = 12\ ;\ x_3 = 99,\ y_3 = 70$$

であり，$0 \leqq x,\ y < 100$ の範囲に (3) の他の解がないことが（コンピュータなどで調べて）確かめられます．漸化式から $\{x_k\}$，$\{y_k\}$ は増加していくらでも大きくなるので，もしこの系列以外の解：$u^2 - 2v^2 = 1$ があれば $y_k < v < y_{k+1}$ である k が定まります．このとき

$$x_k{}^2 = 2y_k{}^2 + 1 < 2v^2 + 1 = u^2 < 2y_{k+1}^2 + 1 = x_{k+1}^2$$

から当然 $x_k < u < x_{k+1}$ です．また $u > \sqrt{2}\,v$ だが

$$u - \sqrt{2}\,v = \frac{1}{u + \sqrt{2}\,v} < \frac{1}{2\sqrt{2}\,v}$$

$$\text{すなわち } u < \sqrt{2}\left(v + \frac{1}{4v}\right) \tag{8}$$

です．$x_k,\ x_{k+1}$ も同様の不等式を満たします（v をそれぞれ $y_k,\ y_{k+1}$ に置き換える）．

さて前述の系列中の任意の $(x_j,\ y_j)$ をとって

$$(u + v\sqrt{2})(x_j - y_j\sqrt{2})$$
$$= (ux_j - 2vy_j) + \sqrt{2}\,(vx_j - uy_j)$$

を作ると，$U_j = ux_j - 2vy_j$，$V_j = vx_j - uy_j$ は

$$U_j{}^2 - 2V_j{}^2 = u^2\,(x_j{}^2 - 2y_j{}^2) - 2v^2\,(x_j{}^2 - 2y_j{}^2)$$
$$= (u^2 - 2v^2)(x_j{}^2 - 2y_j{}^2) = 1$$

となり，$(U_j,\ V_j)$ も一つの解です．$j = k$ なら

$$U_k = ux_k - 2vy_k > \sqrt{2}\,v\sqrt{2}\,y_k - 2vy_k = 0 \tag{9}$$

ですが，U_k は次のように考えるとごく小さい正の整数になります．

51

第1部　代数学関係

不等式(8)から

$$U_k < \sqrt{2}\left(v+\frac{1}{4v}\right)\sqrt{2}\left(y_k+\frac{1}{4y_k}\right)-2vy_k$$

$$= \frac{1}{2}\left(\frac{y_k}{v}+\frac{v}{y_k}\right)+\frac{1}{8vy_k} \tag{10}$$

ですが，$y_k/v<1$，$v/y_k<y_{k+1}/y_k\leqq6$（漸化式(7)による），$1/(8vy_k)<1$により，(10)$<9/2<5$となります．他方上述(9) $U_k>0$であり，U_kは0と5の間の整数です．この範囲で$x^2-2y^2=1$の解は$(x,y)=(1,0)$か$(3,2)$しかありません．しかしこれらはどちらも逆算すると $u=x_k$，$v=y_k$ か $u=x_{k+1}$，$v=y_{k+1}$ に帰着し，$y_k<v<y_{k+1}$ とした仮定に反します．結局前記の系列 (x_k, y_k)以外に解はないという結論になります．　　　　　□

4. 当初の問題に対する漸化式

当初の $T_m=S_n$ を満たす m, n は，(3)の解 (x_k, y_k) から

$$m_k = \frac{x_k-1}{2} = \frac{1}{4}(\alpha^k+\beta^k-2)$$

$$= \left[\frac{(\sqrt{2}+1)^k-(\sqrt{2}-1)^k}{2}\right]^2$$

$$n_k = y_k/2 = (\alpha^k-\beta^k)/4\sqrt{2}\ ;\ \alpha,\beta=3\pm2\sqrt{2}$$

と表されます．それらの漸化式は(7)から

$$m_{k+1} = 6m_k-m_{k-1}+2, \quad n_{k+1} = 6n_k-n_{k-1} \tag{11}$$

です．具体的な初めのほうの数値は表1のとおりです．

表1　(11)の数値例

k	0	1	2	3	4	5	6
m_k	0	1	8	49	288	1681	9800
n_k	0	1	6	35	204	1189	6930

52

m_k は k が奇数のとき完全平方数，k が偶数のとき完全平方数の 2 倍です．2 節の記号 (4) を使うと $n_k = u_k v_k$ とも表され，四角い三角数の一般形は $(u_k \cdot v_k)^2$ となります．冒頭の数列 (1) はこれから計算できます．

5. 設問——ニアミス

三角数 T_m と四角数 S_n との完全な一致は上記のとおりですが，両者の差が小さい「ニアミス」も多数あります．その中で最も易しく，上述の理論の延長線上として論ずることのできる場合として，次の問題 $(T_m - S_n = 1)$ を今話の設問とします．

他にも $T_m - S_n = -1$ である系列など興味深い例が多数ありますが，それらは余力ある方の発展課題とします．

━━━━━━━━━ 設 問 7 ━━━━━━━━━

三角数 T_m と四角数 S_n が $T_m - S_n = 1$ という関係を満たす対がある．例として：

$$T_4 = 10, \quad S_3 = 9 \; ; \; T_{25} = 325, \quad S_{18} = 324 \; ;$$
$$T_{148} = 11026, \quad S_{105} = 11025 \; ; \cdots\cdots$$

このような対の「一般形」(漸化式)，さらに上記の列で次の $T_m - S_n = 1$ である組を求めよ．

━━━━━━━━━━━━━━━━━━━━━━━━━━━━

(解説・解答は 202 ページ)

付記　ペル方程式の元祖はフェルマーによる次の問題です．

直角を挟む 2 辺の長さの差が 1 のピタゴラス三角形を求めよ．

これは $u^2 - 2v^2 = \pm 1$ の解から，$n = v$, $m = u + v$ としてできる三角形 $(m^2 - n^2, \, 2mn, \, m^2 + n^2)$ がそのすべてです．

53

第8話

行列に関する若干の性質

1. 趣旨

現代の基礎的な数学のうち，線型代数の占める割合が大きいので，今話では断片的ですが行列に関するいくつかの性質を，数学検定の過去の問題から拾って紹介します．

今回（平成26年）の指導要領改訂で高等学校数学から事実上行列関係が消えたので，数学検定の対応が課題です．しかし学習しておくことも大事です．今のところ1級はこれまでと同様で，準1級でも，2行2列の行列関連の選択問題が（年3回の）一般受験のときに，時折出題されています．

線型代数の本質的な発展と応用は20世紀に入ってからなので，年輩の受験者の中には不慣れな方が多いようです．具体的な行列の階数（rank）を求めよという設問に対して，「階数とは何ですか」という「なさけない解答（？）」にも再三お目にかかりました．こういう方々には，階数とは「与えられた m 行 n 列の行列を，n 次元空間から m 次元空間への線型写像とみなしたときの像空間の次元」という「本質的な定義」を示しても，十分に通じないのかもしれません．

行列の積 $A \cdot B$ が**可換でない**（演算が可能としても一般に $A \cdot B \neq B \cdot A$）という点がたびたび注意されているように，一つの本質的な論点です．数学検定でもそれを注意する問題が多数出題されています．例えば

第1部　代数学関係

$$(A+B)\cdot(A-B)=A^2-AB+BA-B^2$$
$$=(A^2-B^2)+(BA-AB)$$

ですから $(A+B)\cdot(A-B)$ が A^2-B^2 と一致するのは A と B とが交換可能 $(AB=BA)$ なときに限る，といった注意はほぼ自明です．しかし中学校以来公式 $(a+b)(a-b)=a^2-b^2$ が頭にしみついていると，$(A+B)\cdot(A-B)$ と A^2-B^2 を別々に計算して，両者が等しくないことを実感させるような問題を示しても，題意自体が十分に理解してもらいにくいのかもしれません．以上は筆者のグチです．

2. 行列式の分割計算

2行2列の行列式は

$$\begin{vmatrix} a & b \\ c & d \end{vmatrix} = ad-cb \quad (=ad-bc) \tag{1}$$

と簡単に計算できます．しかし $2n$ 次正方行列を4個の n 次の小正方行列（部分ブロック）に分けたとき

$$\begin{vmatrix} A & B \\ C & D \end{vmatrix} = |AD-CB| \quad (A,B,C,D は n 次正方行列) \tag{2}$$

は必ずしも**成立しません**．簡単な反例は

$$A=D=\begin{bmatrix} 0 & 1 \\ 0 & 0 \end{bmatrix} \quad B=C=\begin{bmatrix} 0 & 0 \\ 1 & 0 \end{bmatrix}$$

です．4次正方行列式 $\begin{vmatrix} A & B \\ C & D \end{vmatrix}=-1$ ですが，$AD=CB=O$（零行列）になり $|AD-CB|=0$ です．

但し A と C が交換可能なら (2) が成立します（後述）．かつてこの証明が数学検定1級に出題されたとき，「交換可能」という語を誤解したのか，行列の A と C を入れ換えて計算した珍答（?）に出

会って苦笑した経験があります。数学(一般に科学全般)の「読解力」に関する深刻な課題と受け止めました。

笑い話はさておき、$AC = CA$(これが交換可能の正しい意味)のとき(2)が成立することを(一部分)証明しましょう。A が可逆の(逆行列をもつ)ときは容易です。I, O をそれぞれ n 次単位行列、零行列とすると

$$\begin{bmatrix} A^{-1} & O \\ -C & A \end{bmatrix}\begin{bmatrix} A & B \\ C & D \end{bmatrix} = \begin{bmatrix} I & A^{-1}B \\ AC-CA & AD-CB \end{bmatrix}$$

です。この行列式を求めると、左辺第1項は $|A^{-1}||A| = 1$ です。そしてもしも $AC - CA = O$ ならば、右辺の左下が零行列になり、右辺の行列式は $|AD - CB|$ に等しく、(2)が成立します。 □

最後にまとめますが、今話の設問の第1は A が可逆でない場合の(2)の証明です。ヒントは A に「摂動」を与えて可逆な場合に帰着させる工夫です。

3. 固有値の比較

A, B が同じ大きさの正方行列のとき、AB と BA とは一般に等しくありませんが、両者の固有値は同一です。それどころか両者の固有方程式自体が一致します。

このことも A, B のどちらか一方、例えば A が可逆ならば容易です。行列 $[AB - \lambda I]$ に左から A^{-1}、右から A を掛ければ、$[BA - \lambda I]$ となり、両者の行列式は一致します(可逆でない場合は後述)。

しかし次の点は注意する必要があります。AB、BA に共通の重複固有値 λ があったとき、その λ に対する双方の固有空間の次元は必ずしも同一ではありません。一方が対角化可能だが、他方がそ

57

第1部　代数学関係

うでないこともあります．簡単な例は

$$A = \begin{bmatrix} 0 & 1 \\ 0 & 0 \end{bmatrix}, \ B = \begin{bmatrix} 0 & 0 \\ 0 & 1 \end{bmatrix} \Rightarrow$$

$$AB = \begin{bmatrix} 0 & 1 \\ 0 & 0 \end{bmatrix}, \ BA = \begin{bmatrix} 0 & 0 \\ 0 & 0 \end{bmatrix}$$

です．ともに固有値は 0（2 重解）ですが，後者では固有ベクトルが 2 次元空間全体になります．他方前者はジョルダン・ブロックであり，固有ベクトルは

第 2 成分が 0 のベクトル全体

という 1 次元に限定され，対角化はできません．

　ところで，最初の結果は A, B のどちらも可逆でなくても成立します．このことは前節と同様に「摂動」を与えて示すことができます．しかしこれをさらに一般化して A を m 行 n 列，B を n 行 m 列の長方形行列としたとき，m 次正方行列 AB と n 次正方行列 BA の固有値は，小さい方の固有値に $|m-n|$ 個の 0 を追加したものが大きい方の固有値と一致する（0 以外の重複固有値は重複度も同じ）という結果が成立します．これが今話の設問の第 2 です（末尾に再度まとめます）．

　他にも行列 A の累乗 A^k に関する話題があり，それは次話で論じます．この種の「細かい」結果で余り知られていないが，比較的容易に証明でき，知っていて損はしない結果は他にも多数あります．とりあえずその一例を紹介した次第です．

4. 付記

　同じ大きさの正方行列 A, B に対し，AB と BA の固有方程式が一致することについて，2012 年 8 月の日本数学教育学会大会（北九州市）において，明石高専，高田功先生の御発表がありました．直

第 8 話　行列に関する若干の性質

接に A, B の成分によって固有方程式の各係数が一致することを示す方法です．計算が大変だと思って敬遠(？)しましたが，同氏は巧妙な加算で簡潔に示しました．

　この結果から A, B, C が同じ大きさの正方行列のとき，ABC，BCA，CAB の固有方程式は一致しますが，ABC と CBA の固有方程式は一般には等しくありません．反例も 2 行 2 列の行列について容易にできます．一例を挙げると $A = \begin{bmatrix} 0 & 1 \\ 0 & 1 \end{bmatrix}$, $B = \begin{bmatrix} 0 & 0 \\ 1 & 1 \end{bmatrix}$, $C = \begin{bmatrix} 1 & 1 \\ 0 & 0 \end{bmatrix}$ です．このとき $ABC = \begin{bmatrix} 1 & 1 \\ 1 & 1 \end{bmatrix}$, $CBA = \begin{bmatrix} 0 & 2 \\ 0 & 0 \end{bmatrix}$ で，固有方程式はそれぞれ $\lambda^2 - 2\lambda = 0$, $\lambda^2 = 0$ となります．

━━━━━━━━━━━━ 設 問 8 ━━━━━━━━━━━━

[1]　A, B, C, D を n 次正方行列とする．$AC = CA$ ならば，これらを並べた $2n$ 次正方行列について

$$\begin{vmatrix} A & B \\ C & D \end{vmatrix} = |AD - CB| \quad (|\ | は行列式)$$

が成立することを（A が可逆といった付帯条件のない場合に）証明せよ．

[2]　A を m 行 n 列，B を n 行 m 列の長方形行列とする（一般に $m \neq n$）．このとき AB, BA の固有多項式は，高いほうの次数のものが，$\pm \lambda^{|m-n|} \times$（低いほうの次数の固有多項式）に等しいことを証明せよ．

━━━━━━━━━━━━━━━━━━━━━━━━━━━━━━

（解説・解答は 203 ページ）

59

第9話

行列の累乗

1. 趣旨

　前話で行列に関するいくつかの問題を扱いました．今話で行列 A の累乗 A^n を考察します．これは漸化式で与えられる数列や確率過程などに応用があります．理論面では行列の固有値と対角化，さらに対角化不能な場合の標準形など線型代数の一つの中心課題です．数学検定（1級）にも行列の累乗やその極限を求める問題が，時折出題されています．

　深く論ずればきりがありませんが，ここではごく小さい（2次と3次）行列について若干の実例を論じます．まず漸化式への応用例（2次），ついでやや特殊性のある3次の例を述べ，設問には対角化不能な場合を挙げます．今話は全体として一般論よりも実例の解説が主眼です．

2. 漸化式への応用

　次の漸化式で定義される数列を考えます．

$$\left.\begin{array}{l} x_{n+1} = 4x_n + 8y_n \\ y_{n+1} = x_n + 6y_n \end{array}\right\}, \ x_0 = 1, \ y_0 = 0 \qquad (1)$$

（1）を行列の形で

$$A = \begin{bmatrix} 4 & 8 \\ 1 & 6 \end{bmatrix}, \ A\begin{bmatrix} x_n \\ y_n \end{bmatrix} = \begin{bmatrix} x_{n+1} \\ y_{n+1} \end{bmatrix} \qquad (2)$$

第1部　代数学関係

と表現すれば，(x_n, y_n) は $(1, 0)$ を成分とする縦ベクトルに A^n を施した値です．$x_0 = 0$，$y_0 = 1$ を初期値とする数列 (x_n^*, y_n^*) をも併せて考えるなら，A^n を単位行列 I に施した量，すなわち A^n の第1列成分でもあります．

行列 A の累乗 A^n を計算するには，型のごとく次の手順を踏んでできます．

1°　固有値と固有ベクトルを計算する．

2°　もしも一次独立な固有ベクトルが次数に等しい数だけあれば**対角化可能**である．固有ベクトル（縦ベクトル）を並べた行列を P とすれば，$P^{-1}AP = D$ は固有値を並べた対角線行列になる．

3°　$A^n = PD^nP^{-1}$ と計算できる．

上記の例 (2) については以下の通りです．本来なら途中の計算をもっと詳しく述べるべきですが，線型代数学の典型的な課題なので，計算の細部は読者への演習課題とします．

1°　A の固有方程式は
$$\lambda^2 - 10\lambda + 16 = (\lambda - 2)(\lambda - 8) = 0$$
であり，固有値は $\lambda = 2$ と $\lambda = 8$ である．

2°　そのおのおのに対応する固有ベクトルは

$$\lambda = 2 \ \text{対し} \begin{bmatrix} 4 \\ -1 \end{bmatrix},$$

$$\lambda = 8 \ \text{に対し} \begin{bmatrix} 2 \\ 1 \end{bmatrix} \ （それぞれその定数倍）\tag{3}$$

3°　$P = \begin{bmatrix} 4 & 2 \\ -1 & 1 \end{bmatrix}$ に対し

$$P^{-1} = \frac{1}{6}\begin{bmatrix} 1 & -2 \\ 1 & 4 \end{bmatrix}, \ D = \begin{bmatrix} 2 & 0 \\ 0 & 8 \end{bmatrix}.$$

62

第9話　行列の累乗

これから最終的に次の結果を得ます.

$$A^n = P \begin{bmatrix} 2^n & 0 \\ 0 & 8^n \end{bmatrix} P^{-1}$$

$$= \frac{1}{6} \begin{bmatrix} 2^{n+2}+2\times 8^n & 8^{n+1}-2^{n+3} \\ 8^n-2^n & 4\times 8^n+2^{n+1} \end{bmatrix} \tag{4}$$

(4) の最後の式はもう少し整理することもできます. また右辺の各成分がすべて整数であることも示されます. 最初の数列 (1) は例えば次のように表されます.

$$x_n = (8^n+2^{n+1})/3, \quad y_n = (8^n-2^n)/6. \tag{5}$$

3.　漸化式の別の解法

上記が (1) のような 2 変数の線型漸化式に対する標準的な解法ですが, (5) を得るだけなら次のような早道があります. 行列 A の固有値 λ に対する行固有ベクトル

$$[u, v]A = \lambda [u, v], \quad [u, v] \neq [0, 0]$$

を使うと

$$ux_{n+1}+vy_{n+1} = [u, v] \begin{bmatrix} x_{n+1} \\ y_{n+1} \end{bmatrix}$$

$$= [u, v]A \begin{bmatrix} x_n \\ y_n \end{bmatrix} = \lambda [u, v] \begin{bmatrix} x_n \\ y_n \end{bmatrix}$$

$$= \lambda (ux_n+vy_n)$$

ですから,

$$ux_n+vy_n = c\lambda^n, \quad c \text{ は初期値 } ux_0+vy_0 \tag{6}$$

と表されます. 行列 A が相異なる固有値をもてば, 行固有ベクトルは一次独立なので, 他の固有値に対する式 (6) と連立させて x_n, y_n を求めることができます.

前述の行列 (2) については, 行固有ベクトルは

$$\lambda = 2 \text{ に対し } [1, -2], \; \lambda = 8 \text{ に対し } [1, 4] \tag{7}$$

(の定数倍) であり, (6) に相当する連立方程式

63

第1部　代数学関係

$$x_n - 2y_n = 2^n, \quad x_n + 4y_n = 8^n \tag{6'}$$

から直ちに解 (5) を得ます.

　A が対称行列でないので, 固有ベクトル (3) どうしは直交しませんが, 行固有ベクトル (7) と比較すると, 相異なる固有値に対して, 対応する一方の本来の固有ベクトルと, 他方の行固有ベクトルとが直交しています. 理論的には同じことですが, 実用上では漸化式の問題を解くには, 行列の累乗を計算するよりも, 行固有ベクトルとの積を活用したほうが有利な場合が多いようです.

4. 特殊性のある一例

今度は次の 3 次正方行列を考えます.

$$A = \begin{bmatrix} 1 & 1 & 0 \\ -1 & -2 & 1 \\ 0 & -1 & 1 \end{bmatrix} \tag{8}$$

累乗 A^n を 2 節で述べた型のごとく扱います,

1° 固有方程式は

$$-\lambda^3 + \lambda = -\lambda(\lambda+1)(\lambda-1) = 0 \tag{9}$$

2° 固有値 $\lambda = 1, 0, -1$ に対する固有ベクトルの成分は, 順次

$$(1,0,1), \ (-1,1,1), \ (-1,2,1) \ \text{(の定数倍)}$$

3° $P = \begin{bmatrix} 1 & -1 & -1 \\ 0 & 1 & 2 \\ 1 & 1 & 1 \end{bmatrix}$ の逆行列は $P^{-1} = \dfrac{1}{2} \begin{bmatrix} 1 & 0 & 1 \\ -2 & -2 & 2 \\ 1 & 2 & -1 \end{bmatrix}$,

$D = P^{-1}AP$ は $(1, 0, -1)$ を成分とする対角線行列になる.

4° 最終結果は

$$A^n = PD^nP^{-1} = \begin{bmatrix} (1-(-1)^n)/2 & -(-1)^n & (1+(-1)^n)/2 \\ (-1)^n & 2\times(-1)^n & -(-1)^n \\ (1+(-1)^n)/2 & (-1)^n & (1-(-1)^n)/2 \end{bmatrix} \tag{10}$$

しかしこの課題の答は，式 (10) にまとめるよりも，次の形のほう
が有用と思います．(9) からわかるように行列 A は $A^3 = A$ を満足
します．したがって $A^{2k+1} = A$, $A^{2k} = A^2$ $(k \geqq 1)$ であり，次のよ
うになります．

$$n \text{ が奇数のとき } A = \begin{bmatrix} 1 & 1 & 0 \\ -1 & -2 & 1 \\ 0 & -1 & 1 \end{bmatrix},$$

$$n \text{ が偶数のとき } A^2 = \begin{bmatrix} 0 & -1 & 1 \\ 1 & 2 & -1 \\ 1 & 1 & 0 \end{bmatrix}.$$

ところで (10) で $n = 0$ とおいた行列は単位行列 I でなく A^2 で
す．一見奇妙に見えますが，誤りでも矛盾でもありません．$A^0 = C$
は $AC = A$（あるいは $CA = A$）を満足する行列 C と考えられま
す．A が**可逆**なら A^{-1} を掛けて $C = I$ です．しかし行列 (8) は
$\lambda = 0$ を固有値にもち，行列式が 0 なので，A は可逆でなく**零因子**
（$AB = O$ あるいは $B^*A = O$, $B \neq O$, $B^* \neq O$）をもちます．し
たがって上述の C は $I + B$（あるいは $I + B^*$）でもよく，必ずし
も単位行列そのものである必要はありません．実際上記において
$I - A^2$ は A の両側零因子です．

同様に (10) で $n = -1$ とおいてできる行列は A 自身であり，A
の逆行列（存在しない）ではありません．

一般に 0^0 は「不定形」であり，無条件で機械的に 1 あるいは 0 とす
ると誤りになります．行列の A^0 に対しても同様の注意が必要です．

5. 対角化不能な場合 ——設問

次の行列の累乗が今話の課題です．

$$A = \begin{bmatrix} -1 & -1 & 0 \\ 1 & 1 & 1 \\ -1 & -1 & 2 \end{bmatrix} \tag{11}$$

第1部 代数学関係

━━━━━━━━━━━ **設問 9** ━━━━━━━━━━━

上記 (11) で与えられる行列の累乗 A^n を求めよ． A^n の 9 個の成分を表す式だけでなく，漸化式の形なども工夫してほしい．

注意 行列 (11) は対角化可能ではありません．固有値と固有ベクトル，単因子などは容易に計算できるので，ジョルダンの標準形に直して累乗を求めることが可能です．しかし A^n の漸化式を求めて計算するなど，特殊性を活用した他の方法も可能です．線型代数の標準的な演習問題と思って計算してください．

（解説・解答は 205 ページ）

第 2 部

幾何学関係

■第 **10** 話 ■

三角形と円内四角形の公式

1. 三角形のヘロンの公式と関連諸公式

三角形 ABC の 3 辺の長さ
$$BC = a, \ CA = b, \ AB = c$$
によって面積 S を表す**ヘロンの公式**
$$S = \sqrt{s(s-a)(s-b)(s-c)}, \ s = (a+b+c)/2 \tag{1}$$
はかなり有名です（証明後述）．実はこれは**円内四角形**（円に内接する四角形の略称）ABCD において 4 辺を
$$AB = a, \ BC = b, \ CD = c, \ DA = d$$
とおいたとき，その面積 S が
$$S = \sqrt{(s-a)(s-b)(s-c)(s-d)}, \tag{2}$$
$$s = (a+b+c+d)/2$$
と表されるという公式の特別な場合とみなすことができます．実際 (2) において $d = 0$ とおけば (1) になります．

(2) は余り知られておらず，(1) との類推で右辺に s 自体を掛けたくなる（そう誤る）例が散見されますが，次元と対称性を考えると (2) の形でなければなりません，

これと並んで外接円の半径を R とすると三角形では
$$4RS = abc \tag{3}$$
が成立します．(3) に対応する円内四角形の場合の公式が今話の課題です．これは数学検定協会主催の 2011 年度「全国数学選手権大会」（団体戦，通称「数学甲子園」）の準決勝に出題された難問（？）

第2部　幾何学関係

の一つでした.

　以下に (1), (2), (3) の証明を与えます. もちろんいろいろ可能ですが, 後述の設問のヒントになる形で扱います.

2. ヘロンの公式の証明

　多くの教科書にある標準的な証明は次のとおりです. 面積について公式

$$S = \frac{1}{2} bc \sin A \tag{4}$$

があります. 余弦定理によって

$$\cos A = \frac{b^2 + c^2 - a^2}{2bc}$$

から

$$\sin^2 A = 1 - \cos^2 A$$
$$= \frac{1}{(2bc)^2} [(2bc)^2 - (b^2 + c^2 - a^2)^2]$$

ですが, この分子の [ ] 内は

$$= (2bc + b^2 + c^2 - a^2)(2bc - b^2 - c^2 + a^2)$$
$$= [(b+c)^2 - a^2][a^2 - (b-c)^2]$$
$$= (a+b+c)(-a+b+c)(a-b+c)(a+b-c) \tag{5}$$

と因数分解できます. これを (4) に代入すれば

$$S = \frac{1}{4} \sqrt{(a+b+c)(-a+b+c)(a-b+c)(a+b-c)}$$

です. ここで $s = (a+b+c)/2$ とおくと (1) そのものになります.

□

　なお (5) を展開すれば

$$4b^2 c^2 - (b^2 + c^2 - a^2)^2$$
$$= -a^4 - b^4 - c^4 + 2a^2 b^2 + 2a^2 c^2 + 2b^2 c^2 \tag{5'}$$

です. この形でもよく使われます.

　さらに正弦定理 (の一つの形) から

70

$$a = 2R\sin A$$

です．これを (4) に代入すれば直ちに (3) を得ます． □

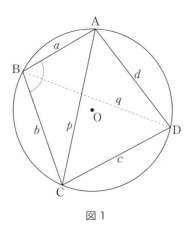

図 1

3. 円内四角形の場合

円内四角形 ABCD を考えます．対角線の長さを AC$=p$, BD$=q$ とおきます（図 1）．

余弦定理から，∠D が ∠B の補角なのに注意して

$$p^2 = a^2 + b^2 - 2ab\cos B = c^2 + d^2 + 2cd\cos B$$

であり，これから

$$\cos B = \frac{(a^2+b^2)-(c^2+d^2)}{2(ab+cd)} \tag{6}$$

です．(6) を p^2 の前の式に代入すると

$$p^2 = \frac{1}{2(ab+cd)}[2(a^2+b^2)(ab+cd)$$
$$\qquad -2ab(a^2+b^2)+2ab(c^2+d^2)]$$
$$= \frac{cd(a^2+b^2)+ab(c^2+d^2)}{ab+cd}$$

第 2 部　幾何学関係

となります．この分子は展開して整理すると

$$ac \cdot ad + bc \cdot bd + ac \cdot bc + ad \cdot bd$$
$$= (ac + bd)(ad + bc)$$

と因数分解され，次の結果を得ます．q も同様にして

$$p = \sqrt{\frac{(ac + bd)(ad + bc)}{ab + cd}} \cdot$$

$$q = \sqrt{\frac{(ac + bd)(ab + cd)}{ad + bc}}$$

(7)

です．(7) の両者を掛けると

$$pq = ac + bd$$

ですが，これは**トレミーの定理**そのものです．

四角形の面積は (4) を活用して

$$S = \frac{1}{2}(ab + cd)\sin B$$

(8)

です．(6) により

$$\sin^2 B = 1 - \cos^2 B$$
$$= \frac{1}{4(ab + cd)^2}[4(ab + cd)^2 - (a^2 + b^2 - c^2 - d^2)^2]$$

と表されます．この分子の [　] 内を展開してもよいのですが，むしろ $A^2 - B^2 = (A + B)(A - B)$ の形で因数分解して，これを

$$(2ab + 2cd + a^2 + b^2 - c^2 - d^2)$$
$$\times (2ab + 2cd - a^2 - b^2 + c^2 + d^2)$$
$$= [(a + b)^2 - (c - d)^2][(c + d)^2 - (a - b)^2]$$
$$= (-a + b + c + d)(a - b + c + d)$$
$$\times (a + b - c + d)(a + b + c - d)$$

とまとめたほうがよいでしょう．これを (8) に代入すれば

$$4S = \sqrt{(-a + b + c + d)(a - b + c + d)(a + b - c + d)(a + b + c - d)}$$

となります．$(a + b + c + d)/2 = s$ と置いて書き直せば，(2) になります．　　　　　　　　　　　　　　　　　　　　　　　　□

第10話　三角形と円内四角形の公式

4. 円内四角形の場合付記 ——(3) の証明

　公式 (3) の証明に次のようなベクトルを活用する方法があります．円内四角形の場合は有用でありませんが，3 次元の四面体について類似の公式を求める場合には同様の方法が活用できます．

　△ABC の外心を O とすると，平面上のベクトル $\overrightarrow{OA}$, $\overrightarrow{OB}$, $\overrightarrow{OC}$ は一次従属なので，それらの内積を並べたグラム行列式は 0 です．自分自身との内積は長さの 2 乗 R^2 であり，内積 $\langle \overrightarrow{OA}, \overrightarrow{OB} \rangle$ は余弦定理により $R^2 - c^2/2$ と表されます．これから次の行列式 (グラム行列式の定数倍) は 0:

$$\begin{vmatrix} 2R^2 & 2R^2 - c^2 & 2R^2 - b^2 \\ 2R^2 - c^2 & 2R^2 & 2R^2 - a^2 \\ 2R^2 - b^2 & 2R^2 - a^2 & 2R^2 \end{vmatrix} = 0$$

ですが，この行列式を展開して計算すると

$$2R^2(-a^4 - b^4 - c^4 + 2a^2b^2 + 2b^2c^2 + 2c^2a^2)$$
$$-2a^2b^2c^2 = 0$$

となります．第 1 項のかっこ内は $16S^2$ に等しいので (式 (5))，これから $(4RS)^2 = (abc)^2$ を得ます．両辺のかっこ内はともに正なので，平方根をとって (3) になります．　　　　　　　　　　□

　(3) の証明自体としてはまわりくどいが，四面体について同様の計算をすると，最終的に公式

$$6RV = 3\ 対の対辺の長さの積を\ 3\ 辺とする三角形の面積 \quad (9)$$

という公式が証明できます．ここに R は外接球の半径，V は体積を表します．

第 2 部　幾何学関係

━━━━━━━━━ **設 問 10** ━━━━━━━━━

円に内接する四角形 ABCD において，その辺長を

$$AB = a, \quad BC = b, \quad CD = c, \quad DA = d$$

とおくとき，面積 S と外接円の半径 R について，$4RS$ を 4 辺の長さで表わせ.

（解説・解答は 208 ページ）

74

第11話

根心 —— 重心座標による

1. 重心座標略説

　今話は初等幾何学の内容で，初等幾何学的にも扱えますが，重心座標を使って考えます．重心座標については末尾の文献に詳しいが，本書の読者のためにごく簡単に要点を述べます．

　$\triangle$ABC を固定し，3辺の長さを $a =$ BC，$b =$ CA，$c =$ AB とします．3頂点の位置ベクトルを $\boldsymbol{a}, \boldsymbol{b}, \boldsymbol{c}$ とし（始点は任意だが固定），同じ平面上の点 P の位置ベクトルを $\boldsymbol{p}$ とすると

$$\boldsymbol{p} = x\boldsymbol{a} + y\boldsymbol{b} + z\boldsymbol{c}, \quad x + y + z = 1 \tag{1}$$

という関係を満たす (x, y, z) が一意的に定まります．それを点 P の（正規化された）**重心座標**とよびます．x, y, z の1次同次方程式 $\alpha x + \beta y + \gamma z = 0$ は直線を表します．2次同次方程式は二次曲線を表し，円はそのうちで，下記の条件式 (5) を満足するものとして特徴づけられます．

2. 根軸と根心

　平面上の2個の円が交点 A，B で交わるとき，直線 AB を両円の**根軸**とよびます（図1）．その上の円外の点 P から両円に引いた接点の長さ（P から接点までの距離）は等しく，この性質をもつ点の軌跡として根軸が特徴づけられます．2円が交わらなくても，この後

の性質をもつ点 P の軌跡として，両円の**根軸**が定義できます．

3個の円について，その2個ずつの根軸合計3本は同一点で交わります．その共通点を3円の**根心**といいます（図2）．今話の主題は3円の根心です．

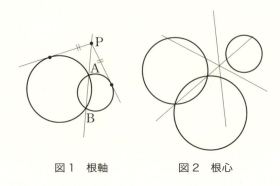

図1　根軸　　　　図2　根心

3.　円と根軸の方程式

3.　円と根軸の方程式

普通の座標で2円の方程式を，中心 (a_i, b_i)，半径 $\sqrt{a_i^2 + b_i^2 - c_i}$ として
$$x^2 + y^2 - 2a_i x - 2b_i y + c_i = 0, \quad (i = 1, 2) \qquad (2)$$
とおくとき，両者の差として表される直線
$$2(a_1 - a_2)x + 2(b_1 - b_2)y - (c_1 - c_2) = 0 \qquad (3)$$
が根軸の方程式です．3個の円の根心の座標は，(3) の形の3個の根軸の方程式を連立一次方程式として解いた点 (x, y) です．

これらを重心座標で扱うと次のようになります．重心座標による円の方程式は，特別な二次曲線として
$$ux^2 + vy^2 + wz^2 - 2pyz - 2rzx - 2rxy = 0 \qquad (4)$$

のうちで等式

$$(v+w+2p):(w+u+2q):(u+v+2r)$$
$$= a^2:b^2:c^2 \text{ が成立するもの} \tag{5}$$

と表されます. 円だけを扱うならこれを変形して

$$(x+y+z)(ux+vy+wz) = a^2yz+b^2zx+c^2xy \tag{4'}$$

を標準形としたほうが有用です. (4)の係数は全体を定数倍しても同じ円を表しますが, (4')の u, v, w は一意的に定まります. それは(4)で

$$v+w+2p = a^2, \ w+u+2q = b^2,$$
$$u+v+2r = c^2$$

としたときの u, v, w の値と一致します. (4')の係数は多くの場合, 直接にその円周上の特別な3点から定めたほうが楽です.

例1　九点円　各辺の中点 $(0, 1/2, 1/2)$, $(1/2, 0, 1/2)$, $(1/2, 1/2, 0)$ を通る円として u, v, w に関する方程式を作ると(4')で

$$u = (-a^2+b^2+c^2)/4, \ v = (a^2-b^2+c^2)/4,$$
$$w = (a^2+b^2-c^2)/4 \tag{6}$$

とした円になります. □

例2　内接円　各辺での接点 $(0, s-c, s-b)$, $(s = (a+b+c)/2)$ およびその巡回的置換点を通る円として連立方程式

$$\begin{cases} a[(s-c)v+(s-b)w] = a^2(s-b)(s-c) \\ b[(s-c)u+(s-a)w] = b^2(s-a)(s-c) \\ c[(s-b)u+(s-a)v] = c^2(s-a)(s-b) \end{cases}$$

を得ます. これは $u/(s-a)$, $v/(s-b)$, $w/(s-c)$ を未知数とする連立一次方程式

$$\begin{cases} v/(s-b)+w/(s-c) = a \\ u/(s-a)+w/(s-c) = b \\ u/(s-a)+v/(s-b) = c \end{cases}$$

に書きかえられ, 解は $u = (s-a)(-a+b+c)/2 = (s-a)^2$ です.

第 2 部　幾何学関係

同様に

$$v = (s-b)^2, \quad w = (s-c)^2$$

となります.　　　　　　　　　　　　　　　　　　　　□

4.　根心の座標

(4') の形で (u_i, v_i, w_i) $(i = 1, 2, 3)$ を係数とする 3 円があると
します. 2 円ずつの根軸はそれぞれ

$$\begin{cases} (u_1-u_2)x +(v_1-v_2)y +(w_1-w_2)z = 0 \\ (u_2-u_3)x +(v_2-v_3)y +(w_2-w_3)z = 0 \\ (u_3-u_1)x +(v_3-v_1)y +(w_3-w_1)z = 0 \end{cases} \tag{7}$$

と表され，根心は (7) の共通解で表されます. (7) の 3 個の方程式は
独立でなく，$x:y:z$ の比が定まるだけですが，重心座標としては
それで十分です. この計算は少し大変ですが，行列式を使うと最終
的に

$$x:y:z = \begin{vmatrix} 1 & v_1 & w_1 \\ 1 & v_2 & w_2 \\ 1 & v_3 & w_3 \end{vmatrix} : \begin{vmatrix} u_1 & 1 & w_1 \\ u_2 & 1 & w_2 \\ u_3 & 1 & w_3 \end{vmatrix} : \begin{vmatrix} u_1 & v_1 & 1 \\ u_2 & v_2 & 1 \\ u_3 & v_3 & 1 \end{vmatrix} \tag{8}$$

と表現できます. (8) は連立一次方程式 $u_i x + v_i y + w_i z = 1$
$(i = 1, 2, 3)$ の解 (x, y, z) そのものです.

5.　傍心円の根心，設問

今話の設問は 3 個の傍接円の根心の重心座標を計算し，それがど
のような点であるかを調べることです. それを今少し解説します.

傍接円の方程式は，内接円の方程式での (a, b, c) を順次
$(-a, b, c)$, $(a, -b, c)$, $(a, b, -c)$ に置き換えて得られます. 結
果はそれぞれ

$$\begin{cases} u_1 = s^2, \ v_1 = (s-c)^2, \ w_1 = (s-b)^2 \\ u_2 = (s-c)^2, \ v_2 = s^2, \ w_2 = (s-a)^2 \\ u_3 = (s-b)^2, \ v_3(s-a)^2, \ w_3 = s^2 \end{cases}$$

と表されます. これを(8)に代入して計算すれば所要の式がでます.

ここで $s = (a+b+c)/2$ は, a, b, c の関数であり, $(a, b, c) \longrightarrow (-a, b, c)$ と置き換えるときには, $s \to (s-a) = (-a+b+c)/2$ などと置き換えるのを忘れてはいけません.

参考文献 一松信・畔柳和生, 重心座標による幾何学, 現代数学社, 2014.

━━━━━━━━━━ **設問 11** ━━━━━━━━━━

3個の傍接円の根心の重心座標（の比）を求めよ. さらにそれが三角形のどういう「心」かを考察せよ. もし余力があれば2個の傍接円と内接円との根心について, 同様の考察を施こせ.

（解説・解答は 209 ページ）

注意 結果がわかれば重心座標による計算よりも, 直接に初等幾何学的に考えたほうがかえって早いかもしれません（そういう解答も歓迎します）. 今話は重心座標の連載記事の延長というよりも, 山口県・中川宏氏が三角形の諸心を3円の根心として表す工夫をした研究からの発展です. 改めて同氏に謝意を表明いたします.

第12話

三角形に関する不等式

1. 目標

　　三角形の3辺 a, b, c やその外接円・内接円の半径 R, r などに関する不等式は，ちょっとした本が書ける位あります．その多くは $a, b, c > 0$ かつ $a + b > c$, $b + c > a$, $c + a > b$ という制約条件下で不等式を証明する問題ですが，内角の三角関数の関係に直したほうが有利な場合もあります．大学の入学試験などにも手頃な問題が多数あります．

　　今話で扱うのは，直接の証明も可能だが，無限等比級数を活用するとエレガントな証明（？）ができる一例です．但し設問はそれとは無関係な別の不等式です．いずれも断片的ですが，不等式の証明の演習問題と理解して下さい．

　　基礎的な知識として，正弦定理・余弦定理・ヘロンの公式や $4RS = abc$, $r(a + b + c) = 2S$（S は面積）などの諸公式は既知とします（第10話参照）．

2. 一つの問題

　　読者諸賢は御存じと思いますが，アメリカ数学協会の機関誌 American Mathematics Monthly は，もともとは数学教育の雑誌でした．近年ではかなり専門的な数学の論文も掲載されています．同

第 2 部 幾何学関係

誌は古くから毎号何題かの問題を提出して読者から解答を募集していて，"Monthly Problems" と愛称されています．2010 年に載ったその中の問題の一つに，次の不等式の証明がありました．

命題 1 a, b, c が正の実数のとき，次の不等式を証明し，等号は $a = b = c$ のときに限ることを示せ．

$$\frac{a}{b+c} + \frac{b}{c+a} + \frac{c}{a+b} \geq \frac{3}{2} \tag{1}$$

証明 左辺 $-$ 右辺を作り，分母を払って整理すると（途中の計算略）

$$2(a^3+b^3+c^3) - (a^2b+a^2c+b^2a+b^2c+c^2a+c^2b) \geq 0 \tag{2}$$

となります．(2) の左辺は次のようにまとめかえることができ，これから結論は自明です．

(2) の左辺 $= (a-b)^2(a+b) + (a-c)^2(a+c)$
$$+ (b-c)^2(b+c) \geq 0 \tag{2'} \quad \square$$

ところがそこに (1) の面白い証明が紹介されていました．(1) は同次式なので定数を乗じて $a+b+c=1$ として一般性を失いません．このとき $0 < a, b, c < 1$ であり，(1) は

$$\frac{a}{1-a} + \frac{b}{1-b} + \frac{c}{1-c} \geq \frac{3}{2} \tag{1'}$$

と同値になります．無限等比級数（実際はテイラー展開）によって，(1') の左辺は

$$\sum_{n=1}^{\infty} a^n + \sum_{n=1}^{\infty} b^n + \sum_{n=1}^{\infty} c^n = (a+b+c) + \sum_{n=2}^{\infty} (a^n+b^n+c^n) \tag{3}$$

と表されます．(3) の右辺第 1 項は 1 です．後の項は $n \geq 2$ のとき $y = x^n\,(x>0)$ のグラフが下に凸なので

$$(a^n+b^n+c^n)/3 \geq [(a+b+c)/3]^n \quad \text{すなわち}$$

$$a^n+b^n+c^n \geq (1/3)^{n-1} \quad （等号は a = b = c のとき） \tag{4}$$

82

第 12 話　三角形に関する不等式

となります．したがって

$$(3) \geqq 1 + \frac{1}{3} + \frac{1}{3^2} + \cdots + \frac{1}{3^n} + \cdots$$

$$= 1 + \frac{1/3}{1-(1/3)} = 1 + \frac{1}{2} = \frac{3}{2}$$

となって (1) が証明できました．　　　　　　　　　　　　　　□

　以上は直接に三角形とは関係ありませんが，同じ考えが次の問題にも有用です．

3. 類似の不等式

　同じく Monthly Problem (2011 年) に次の問題がありました．

命題 2　R, r を外接円，内接円の半径とするとき

$$\frac{a^2 bc}{(b+c)(b+c-a)} + \frac{ab^2 c}{(c+a)(c+a-b)}$$

$$+ \frac{abc^2}{(a+b)(a+b-c)} \geqq 9Rr \tag{5}$$

を証明し，等号は $a = b = c$ に限ることを示せ．

　原問題では (5) の右辺が $18r^2$ でしたが，$R \geqq 2r$ なので (5) はその精密化です（そしてこの方がかえって易しい）．公式 $abc = 4RS$，$r = 2S/(a+b+c)$ を使い，部分分数に分解すると，(5) は次の不等式に帰着します．

$$\frac{1}{b+c-a} + \frac{1}{c+a-b} + \frac{1}{a+b-c}$$

$$- \frac{1}{b+c} - \frac{1}{c+a} - \frac{1}{a+b} \geqq \frac{9}{2(a+b+c)} \tag{5'}$$

両辺に $a+b+c$ を乗じ

$$\frac{a+b+c}{b+c-a} = 1 + \frac{2a}{b+c-a},$$

83

第2部 幾何学関係

$$\frac{a+b+c}{b+c} = 1 + \frac{a}{b+c}$$

などと変形すると，所要の不等式は

$$\frac{2a}{b+c-a} + \frac{2b}{c+a-b} + \frac{2c}{a+b-c}$$

$$-\frac{a}{b+c} - \frac{b}{c+a} - \frac{c}{a+b} \geqq \frac{9}{2} \qquad (6)$$

に帰します．(6) の分母を払って変形することも可能ですが，計算が大変です．以下では前節の後の方法を適用します．(6) の左辺は同次式なので定数を乗じて $a+b+c=1$ として一般性を失いません．このとき $a+b>c$ などの制約条件から，$0<a,b,c<1/2$ であることに注意します．$a+b+c=1$ とすると (6) の左辺は

$$\frac{2a}{1-2a} + \frac{2b}{1-2b} + \frac{2c}{1-2c} - \frac{a}{1-a} - \frac{b}{1-b} - \frac{c}{1-c} \qquad (6')$$

です．$0<2a, \ 2b, \ 2c<1$ に注意して無限等比級数に展開すると

$$(6') \text{ の左辺} = \sum_{n=1}^{\infty} [(2a)^n + (2b)^n + (2c)^n - a^n - b^n - c^n]$$

$$= (2-1)(a+b+c) + \sum_{n=2}^{\infty} (2^n-1)(a^n+b^n+c^n) \qquad (7)$$

です．この第1項は1に等しく，後の項は前節の式 (4)，すなわち $a^n+b^n+c^n \geqq 1/3^{n-1}$ により

$$(7) \text{ の右辺} \geqq 1 + \sum_{n=2}^{\infty} \frac{2^n}{3^{n-1}} - \sum_{n=2}^{\infty} \frac{1}{3^{n-1}}$$

$$= 1 + \frac{4/3}{1-(2/3)} - \frac{1/3}{1-(1/3)}$$

$$= 1 + 4 - (1/2) = 9/2$$

となります．等号は $a=b=c$ に限ります． □

(6') には負の項がありますが，(7) のようにまとめて $2^n-1>0$ に注意したのがうまい証明でしょう．

84

第 12 話　三角形に関する不等式

4. 設問

　以下の問題は上記の記事とは一応無関係です．以前数学セミナー
の「エレガントな解答をもとむ」（2011 年 5 月号；解答 8 月号）に
$9R^2 \geqq a^2 + b^2 + c^2$ の証明を出題しましたが，その精密化です．

━━━━━━━━━━　**設 問 12**　━━━━━━━━━━

　3 辺の長さが a, b, c の三角形の外接円・内接円の半径を R, r
とするとき，不等式

$$8R^2 + 4r^2 \geqq a^2 + b^2 + c^2 \tag{8}$$

が成立して，等号は正三角形に限ることを証明せよ．

（解説・解答は 212 ページ）

┌─────────────────────────────────┐

　▶**注意**　この不等式は 3 辺の関係式としては

$$(-a^2 + b^2 + c^2)(a^2 - b^2 + c^2)(a^2 + b^2 - c^2)$$
$$\leqq [(-a + b + c)(a - b + c)(a + b - c)]^2$$

に還元されます．この形で奇麗に証明できます．さらに，角の
関係に直すと（辺長 a, b, c の対角を A, B, C として）

$$\cos A \cdot \cos B \cdot \cos C \leqq (1 - \cos A)(1 - \cos B)(1 - \cos C)$$

と同値です．この形で証明することもできます．もちろん鋭角
三角形についてだけ考えれば十分ですが，さらにいろいろの工
夫を期待します．

└─────────────────────────────────┘

■第13話■

三角形に関する極値問題 (1)

1. 極値問題の判定

　多くの極値問題では求めた候補（例えば微分して 0 とおいた方程式の解）が最大か最小かは，設定された問題の意味から自然に判定できます．また 2 階導関数によって，極大か極小かまたは鞍点など極値でないのかが判定できる場面が普通です．しかし真の最大・最小の判定には，微分法にこだわらずに，直接別の方法で調べたほうが，かえって早い場合も多数あります．

　そのような吟味を怠って失敗した例も多数あります．今話で一例として平面三角形の 3 個の内角の対称式，特に $\cos A$, $\cos B$, $\cos C$ に関する次の対称式（便宜上以下のようにおく．本話のみで使用．）

$$\begin{aligned}
S &= \cos A + \cos B + \cos C, \\
T &= \cos A \cdot \cos B + \cos A \cdot \cos C + \cos B \cdot \cos C, \\
P &= \cos A \cdot \cos B \cdot \cos C, \\
F &= \cos^2 A + \cos^2 B + \cos^2 C
\end{aligned} \tag{1}$$

の極値を考案します．これらはすべて正三角形 $(A = B = C)$ のとき極値をとりますが，それらが最大か最小かの判定は自明ではありません．

　それらの極値は制約条件 $A + B + C = \pi\,(180°)$ の下での極値として，ラグランジュ乗数を活用して計算できますが，方程式を解くのが意外と厄介な例もあります．もちろん演習課題としてぜひ一度は試みて下さい．

第 2 部　幾何学関係

2. 相互の基本関係

(1) の 4 量のうち $S^2 = F + 2T$ は明らかですが，さらに恒等式

$$F + 2P = 1 \tag{2}$$

が成立します．これは有名な関係式で第 12 話でも使いましたが，念のために証明しておきます．行列式を活用する方法もありますが，ここでは直接の計算で示します．

$A + B + C = \pi\,(180°)$ から

$$\cos C = -\cos(A + B)$$
$$= \sin A \cdot \sin B - \cos A \cdot \cos B$$

です．これを

$$\cos C + \cos A \cdot \cos B = \sin A \cdot \sin B$$

と書き換え，2 乗して $\sin^2 A = 1 - \cos^2 A$ などで置き換えると

$$\cos^2 C + \cos^2 A \cdot \cos^2 B + 2\cos A \cdot \cos B \cdot \cos C$$
$$= 1 - \cos^2 A - \cos^2 B + \cos^2 A \cdot \cos^2 B$$

となります．これを整理すれば (2) になります．　　　　□

特に鋭角三角形に限れば，相加平均・相乗平均の不等式からただちに

$$0 < 27P \leqq S^3, \quad 0 < 27P^2 \leqq T^3 \tag{3}$$

が成立します．さらに 2 次式の関係から

$$T \leqq F, \quad 3T \leqq S^2 \tag{4}$$

であり，(3), (4) のいずれも等号は $A = B = C$ のときに限って成立します．

これらの相互関係を活用すると，S の最大値を定めれば，他の量の最大・最小はすべて容易に求めることができます．

88

3. 余弦の和の極値

和 S の極値は，ラグランジュの乗数法によっても容易に $A = B = C$ のときとわかりますが，直接に三角関数の公式によって求めてみましょう．

鋭角三角形に限れば $y = \cos x,\ 0 \leqq x \leqq \pi/2$ のグラフが真に上に凸なことから直ちに

$$S \leqq 3\cos[(A+B+C)/3] = 3/2 \tag{5}$$

で，等号は $A = B = C$ のときに限ることがわかります．そして直角三角形・鈍角三角形全体では $S \leqq \sqrt{2} < 3/2$（等号は直角二等辺三角形のとき）を示すことができるので，正三角形のときの値 $3/2$ が真に最大値であることが確かめられます．しかしこのままでは場合分けを要するので，少し変形したほうが有利と思います．

加法定理からでる式

$$\cos(\alpha+\beta) + \cos(\alpha-\beta) = 2\cos\alpha \times \cos\beta$$

を活用し，さらに

$$A = (A+B)/2 + (A-B)/2,$$
$$B = (A+B)/2 - (A-B)/2$$

などと変形する工夫をすると，

$$S = \frac{1}{2}[(\cos A + \cos B) + (\cos A + \cos C) + (\cos B + \cos C)]$$

$$= \cos\frac{A+B}{2}\cdot\cos\frac{A-B}{2} + \cos\frac{A+C}{2}\cdot\cos\frac{A-C}{2}$$

$$+ \cos\frac{B+C}{2}\cdot\cos\frac{B-C}{2}$$

$$\leqq \sin\frac{C}{2} + \sin\frac{B}{2} + \sin\frac{A}{2} \qquad （等号は A = B = C） \tag{6}$$

$$（(A+B)/2 \text{ と } C/2 \text{ は互いに余角に注意})$$

が成立します．$y = \sin x,\ 0 \leqq x \leqq \pi/2$ のグラフは，真に上に凸なので，(6) の右辺は

89

第2部　幾何学関係

$$\leq 3 \cdot \sin \frac{A+B+C}{2 \times 3} = \frac{3}{2}$$

であり，(5) が証明できました．等号は途中の≦がすべて＝である $A = B = C$ のときに限ります． □

4. 他の量の極値

等式(2)や不等式(3), (4)などにより，(5)から直ちに

$$T \leq 3/4, \quad P \leq 1/8, \quad F \geq 3/4 \tag{7}$$

がわかります．しかも (7) はいずれも $A = B = C$ のとき等号が成立するので，(7)はいずれも最良の評価です．S, T, P はいずれも正三角形のときに最大値をとるのに対して，F は最小値をとることに注意します．なお本話の式(2)に $P \leq 1/8$（(7)の一部）を通用して

$$3/4 \leq F = 3 - \sin^2 A - \sin^2 B - \sin^2 C$$
$$= 3 - (a^2 + b^2 + c^2)/4R^2$$

に注意すれば，$9R^2 \geq a^2 + b^2 + c^2$ の直接証明ができます．

F の最大値は存在しませんが，三角形が潰れた（二角が 0 に一角が π (180°) に近づく）極限において，自明な上限 3 に近づきます．

第 13 話　三角形に関する極値問題（1）

5.　設問

いささか人為的な設問ですが，次の問題を考えます．

━━━━━━ **設問 13** ━━━━━━

$0 < \lambda < 1$ を助変数として F と T の凸結合

$G_\lambda = \lambda F + (1-\lambda) T = \lambda(a^2 + b^2 + c^2) + (1-\lambda)(ab + ac + bc),$

$a = \cos A,\ \ b = \cos B,\ \ c = \cos C$

を考える．G_λ は A, B, C の関数として $A = B = C (= \pi/3)$ が停留点だが，λ が 0 に近づけば極大，1 に近づけば極小である．$\lambda = 1/3$ でも S^2 に相当して極大になる．中間のある適当な値 λ_0 において，$A = B = C (= \pi/3)$ が G_{λ_0} の極大でも極小でもない（実は鞍点である）ようになる．そのような λ_0 の値を定めよ．

ヒント：2 階導関数に基づくヘシアンを計算してもよいが，むしろ $A = \pi/3 + x,\ B = \pi/3 + y,\ C = \pi/3 + z$：$x + y + z = 0$ とした変数 x, y, z について $A = B = C = \pi/3\,(x = y = z = 0)$ でのティラー展開を考え，2 次の項 $= 0$ となる λ_0 を求めたほうが早いかもしれません．ここでできればさらに高次の項まで計算して，そのとき実際に鞍点（正しくは 3 つまたのいわゆる monkey saddle point）になっていることを確かめて下さい．

━━━━━━━━━━━━━━━━━━━━━━━━

（解説・解答は 215 ページ）

> 第14話

三角形に関する極値問題 (2)

1. 問題の趣旨

　前話では主に三角形の形状を問う極値問題を扱いました．ここでは与えられた平面三角形 ABC 内の点 P に関して，いろいろな量の最大最小を論ずる問題を考えます．そのうち 3 頂点からの距離 $u = AB$, $v = BP$, $w = CP$ に関する量の極値は興味深いが難問が多い印象です．例えば $u^2 + v^2 + w^2$ の最小は P ＝重心のときですが（第 16 話参照），$u + v + w$ の最小は，三角形の内角がすべて $120°$ 未満の場合には**フェルマー点**，すなわち P での角 $\angle$APB, $\angle$BPC, $\angle$CPA がすべて $120°$ になる点です．

　ところで u, v, w は，三角形の 3 辺を $a = BC, b = CA, c = AB$ と表すとき，和算家が**六斜術**とよんだ次の制約条件：

$$-a^2 u^4 - b^2 v^4 - c^2 w^4$$
$$+(-a^2 + b^2 + c^2)(v^2 w^2 + a^2 u^2)$$
$$+(a^2 - b^2 + c^2)(w^2 u^2 + b^2 v^2)$$
$$+(a^2 + b^2 - c^2)(u^2 v^2 + c^2 w^2) - a^2 b^2 c^2 = 0$$

を満足しますが，複雑すぎて計算に便利でありません．以上は話の枕でこれ以上解説しません．

　以下では P から 3 辺に引いた垂線 PD, PE, PF の長さ

$$x = PD, \ y = PE, \ z = PF \qquad （図1）$$

に関する極値問題を扱います．この場合は S を面積とすると，制約条件が 1 次式

$$ax+by+cz = 2S\quad(一定値) \tag{1}$$

なので扱いやすくなります．実際ある式の極値を与える点が，三角形の古典的な「心」であるといった意味づけができる例が多数あります．それらの紹介が今話の趣旨です．なお問題によっては三角形を鋭角三角形などと限定しなければならない場合もあります．

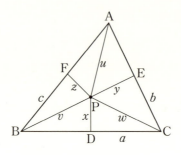

図 1　三角形の記号

2. 自明ないし無意味な例

　幾何学的な意味はともかく，ほぼ自明な一例は積 xyz の最大です．定数 abc を乗じた $abcxyz$ を考えれば，$ax,\,by,\,cz$ の和が一定の下で積の最大を求める問題です．これは相加平均・相乗平均の不等式から $ax = by = cz$ のとき最大になります．それを与える点 P は $\triangle APB, \triangle BPC, \triangle CPA$ の面積が等しい点であり，それは**重心**です．

　他方和 $x+y+z$ の最大最小は無意味に近い問題です．正三角形の場合はこの和は三角形の内部のどこでも一定値です．そうでない場合には $a \geq b \geq c$（但し $a > c$）とすると，

$$a(x+y+z) \geq ax+by+cz \geq c(x+y+z)$$

から次のことがわかります：

　$x+y+z$ の上限，下限は，それぞれ最短辺，最長辺の対頂点からその辺に引いた垂線の長さである．内部では最大最小をとらないが，その頂点に近づいたときにそれぞれ上限下限に近づく．

3. 2次式の極値の例

　しかし x, y, z の2次式の極値は有意義で有用な例が多数あります．以下それを扱います．それには次の補助定理が有用です．

補助定理　$(\alpha\xi+\beta\eta+\gamma\zeta)^2+(\beta\zeta-\gamma\eta)^2+(\gamma\xi-\alpha\zeta)^2+(\alpha\eta-\beta\xi)^2$

$$= (\alpha^2+\beta^2+\gamma^2)(\xi^2+\eta^2+\zeta^2) \tag{2}$$

系1　α, β, γ, ξ, η, ζ が正，α, β, γ が一定とする．$\xi^2+\eta^2+\zeta^2=$ 一定の下で $\alpha\xi+\beta\eta+\gamma\zeta$ の最大は $\xi:\eta:\zeta=\alpha:\beta:\gamma$ のときに起こる．

系2　系1と同じ前提の下で $\alpha\xi+\beta\eta+\gamma\zeta=$ 一定の下で $\xi^2+\eta^2+\zeta^2$ の最小は $\xi:\eta:\zeta=\alpha:\beta:\gamma$ のときに起こる．

略証　(2) の左辺を展開して同類項を消去し，まとめれば右辺になります．系1，系2はともに (2) の左辺の第2項以下が $\geqq 0$ で，かっこ内が0のとき最小になることから導かれます．なお (2) の左辺第1項 $\leqq$ 右辺は，おなじみの「コーシー・シュワルツの不等式」そのものです．　　　　　　　　　　　　　　　　　　　　　□

　以下その応用例を挙げます．

例1　$a^2x^2+b^2y^2+c^2z^2$ の最小．上記の系2で，$\xi=ax$, $\eta=by$, $\zeta=cz$, $\alpha=\beta=\gamma=1$ とおけば，$\xi=\eta=\zeta$ すなわち P が**重心**のときです．

第 2 部　幾何学関係

例2　$ax^2+by^2+cz^2$ の最小．同じく $\xi=\sqrt{a}\,x,\ \eta=\sqrt{b}\,y,\ \zeta=\sqrt{c}\,z$, $\alpha=\sqrt{a},\ \beta=\sqrt{b},\ \gamma=\sqrt{c}$ とおけば，最小は $x=y=z$ のときです．これは P が**内心**のときです．

例3　$x^2+y^2+z^2$ の最小．同じく $\xi=x,\eta=y,\zeta=z,\alpha=a,\beta=b$, $\gamma=c$ とおけば，最小は $x/a=y/b=z/c$ のときです．このとき △APB, △BPC, △CPA の面積比が $a^2:b^2:c^2$ になります，この点 P はベクトルを使うと，ベクトルの起点 O を任意に定めて

$$\overrightarrow{\mathrm{OP}}=\frac{1}{a^2+b^2+c^2}(a^2\,\overrightarrow{\mathrm{OA}}+b^2\,\overrightarrow{\mathrm{OB}}+c^2\,\overrightarrow{\mathrm{OC}})$$

と表され，**ルモワーヌ** (Lemoinne) **点**とよばれています．この点はいわゆる「五心」には含まれませんが，三角形幾何学では重要な心の一つです．歴史的には「重心の等角共役点」（下記）として導入されたために**擬似重心**とよばれることが多いのですが，この名はルモワーヌ点の性質の一部分しか表現していない感じなので，使用を差し控えます．

　ここで点 Q の**等角共役点**とは AQ, BQ, CQ をそれぞれ角 A, B, C の二等分線について折り返した 3 線の交点 Q′ です．この 3 直線が同一点で交わることの証明は今話の主題でないので省略します．重心座標による「エレガントとはいえない証明」(?) が末尾の文献にあります．

4. ラグランジュ乗数の活用

　以上は「徒手空拳型」の議論で済みましたが，もっと一般に目的関数 $f(x,\ y,\ z)$ の極値を調べるには，付帯条件 (1) の下でラグランジュ乗数を活用した条件つき極値問題として扱う必要があります．その理論は多変数の微分積分学の教科書にゆずり，自明に近い問題

ですが，一例を挙げます．

例 4　$f(x, y, z) = \dfrac{yz}{a} + \dfrac{zx}{b} + \dfrac{xy}{c}$ の最大値を求めます．これは 2 次式の変形でもできますが，偏微分を活用すれば，極値の候補は

$$\frac{y}{c} + \frac{z}{b} = \lambda a, \ \frac{x}{c} + \frac{z}{a} = \lambda b, \ \frac{x}{b} + \frac{y}{a} = \lambda c \tag{3}$$

となります（λ がラグランジュ乗数）．この解は分母を払って計算すると $ax = by = cz = \lambda abc/2$ であり，これを与える点は重心です．但しこの場合厳密性を要求するなら，この極値が実際に「最大」を与えることを別に検証する必要があります．それは (1) の下で $ax \cdot by + ax \cdot cz + by \cdot cz$ の最大であり，2 次式の評価から直接に示されます．

5. 設問

　三角形を鋭角三角形に限定し，P から 3 辺に引いた垂線の足（各辺との交点）が作る三角形 DEF の面積 T を考えます．三角形 PDE, PEF, PFD の和として $2T = xy \sin C + yz \sin A + zx \sin B$ ですが，正弦定理によれば，定数倍を除いて 2 次式 $ayz + bzx + cxy$ を，制約条件 (1) の下で最大にする問題になります．

参考文献　一松信, 初等幾何学入門, 岩波書店, 2003.
（現在オン・デマンド版で入手可能）

第 2 部　幾何学関係

━━━━━━━━━━ 設 問 14 ━━━━━━━━━━

上述の記号で $ayz + bzx + cxy$（すなわち $\triangle$DEF の面積 T）を最大にする点を求めよ.

（解説・解答は 217 ページ）

▶**注意**　最大値を与える x, y, z の式を求めるのは難しくありませんが，それが $\triangle$ABC に対してどういう点であるかをも答えて下さい．この問題は以前に数学検定 1 級に出題されたことがあります.

第 **15** 話

正多面体の体積

1. 正多面体を比べる

　　正多面体の模型をストローとひもで辺から組み立てたり，『ポリドロン』などの板を組み合わせたりして作ると」たいていは一辺の長さが基本単位になります．それが等しい多面体の大きさを比較すると正四面体が小さいのはともかく，正十二面体がばかでかいのに気づきます（図1）．実際後述の表1に見る通り，一辺の長さが等しい正十二面体の体積は正四面体の体裁のおよそ65倍です．正十二面体はラテン語からの用語で dodeca–hedron といいますが，これを『ドデカ（イ）・ヘドロン』と覚えろと教わったことがあります．

　　それらの体積を計算するのが今話の目標です．後の表1に結果を示しました．これらはもちろん個々に計算でき，その工夫は教育上大いに有用です．そのために次のような事実が有用であり，これらは知っていて損はしないと思います．

- 立方体の一つおきの頂点を結ぶと正四面体ができる．

- 正四面体の各辺の中点を結ぶと正八面体ができる．

- 正十二面体は立方体に屋根をかけて構成できる．

- 正二十面体の 12 頂点は，中心を通って互いに直交する 3 枚の黄金比長方形（辺の比が $1:(1+\sqrt{5})/2$）の頂点をなす．

しかし以下では各面が正 p 角形，各頂点とそれに隣接する頂点の

なす**頂点形**が正 q 角錐だと「一般化」して統一的に体積を計算します．それには内接球の半径を計算するのが鍵です．

図1　一辺の長さが等しい正多面体の大きさの比較
（筆者作成，撮影）

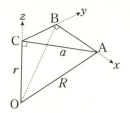

図2　正多面体の基本単形

2. 正多面体の基本単体

正多面体の諸量を統一的に計算するには，その**基本単体**を考察すると有用です．それは全体の中心 O，一つの頂点 A，それを端とする一辺の中点 B，辺 AB を含む一つの面の中心 C を結んでできる単体（四面体）です（図2）．以下の計算は拙著（末尾の文献）に述べた方法の変形ですが，座標を積極的に活用します．

便宜上 $AC = a$ とおき，OC（内接球の半径）$= r$，OA（外接球の半径）$= R$ とおきます．$\angle OCA = \angle OCB = \angle ABC = $ 直角であり，$R^2 = a^2 + r^2$ です．O を原点にとり，OC を正の z 軸に，CB 方向を

正の y 軸にとります. $\triangle \mathrm{ABC}$ は正 p 角形を $2p$ 等分した三角形で,
$\angle \mathrm{BCA} = \pi/p$ であり,各頂点は

$$\mathrm{C}(0,\ 0,\ r),\quad \mathrm{B}(0,\ a\cos(\pi/p),\ r),$$

$$\mathrm{A}(a\sin(\pi/p),\ a\cos(\pi/p),\ r) \tag{1}$$

という座標で表されます. 平面 OCA は方程式

$$x\cos(\pi/p) - y\sin(\pi/p) = 0$$

で表されます. 平面 OBA は辺 AB が x 軸に平行なので x 軸自体
を含み,方程式は

$$yr - az\cos(\pi/p) = 0$$

となります. この両面の間の二面角 θ は,それぞれの平面の外側向
きの法線ベクトル

$$(\cos(\pi/p), -\sin(\pi/p), 0),\quad (0, r, -a\cos(\pi/p))$$

の間の角の補角です. 両者の内積をとって

$$\cos\theta = r\sin(\pi/p)/\sqrt{r^2 + a^2\cos^2(\pi/p)} \tag{2}$$

と表されます. 他方 θ は正 q 角錐の軸のまわりを $2q$ 等分した角で
あり,$\theta = \pi/q$ と表されるので,(2) から

$$r^2\cos^2\frac{\pi}{q} + a^2\cos^2\frac{\pi}{p}\cos^2\frac{\pi}{q} = r^2\sin^2\frac{\pi}{p},$$

となり,次の公式を得ます.

$$r = \frac{a\cos(\pi/p)\cos(\pi/q)}{\sqrt{1 - \cos^2(\pi/p) - \cos^2(\pi/q)}} \tag{3}$$

正多面体ができる条件は $1/p + 1/q > 1/2$ であり,これにより (3)
の分母の根号内が正であることに注意します.

3. 体積の公式

一辺の長さが 1 の正 p 角形の面積 S は，図 3 の例からわかるとおり

$$S = \frac{p}{4} / \tan \frac{\pi}{p} \qquad (4)$$

図 3　正 p 角形

と表されます．ここで $a = \mathrm{AC} = 1/[2\sin(\pi/p)]$ であり，体積は

$$V = \frac{1}{3}FSr = \frac{pF}{24} \cdot \frac{\cos(\pi/q)}{\tan^2(\pi/p) \cdot \sqrt{1 - \cos^2(\pi/p) - \cos^2(\pi/q)}} \qquad (5)$$

と表されます．ここに F は面の数ですが，組合せの関係から $pF = 2E$（E は辺の個数）であり，(5) の右辺の最初の項は $E/12$ となります．E はオイラーの公式から

$$\frac{1}{E} = \frac{1}{p} + \frac{1}{q} - \frac{1}{2} \quad (>0) \qquad (6)$$

で計算できます．この一般式から p, q に所要の値を代入して表 1 の結果を得ます．本来ならばその計算を一つ一つ示し，直接に計算した結果と比較すべきですが，それは読者の方々への演習問題とします．$\tau = (\sqrt{5}+1)/2$ とおくとき

$$\cos(\pi/5) = \tau/2, \ \cos(2\pi/5) = \tau^{-1}/2,$$
$$1 + \tau = \tau^2, \ \tau - \tau^{-1} = 1, \ \tau^2 + \tau^{-2} = 3$$

などの等式に注意しておきます．

表 1　一辺の長さ 1 の正多面体の体積

p	q	面数	頂点数	体積	その近似値
3	3	4	4	$\sqrt{2}/12$	0.117851
3	4	8	6	$\sqrt{2}/3$	0.471404
4	3	6	8	1	1
3	5	20	12	$5\tau^2/6$	2.181695
5	3	12	20	$\sqrt{5}\,\tau^4/2$	7.663117

面が正 p 角形，頂点形が正 q 角錐の正多面体について．$\tau = (\sqrt{5}+1)/2$ （黄金比）とおく．体積が頂点数の順に従って増加するのに注意する．

4. 星形正多面体

普通の正多面体は表1の5種類しかありません．しかし星形正五角形を**正5/2角形**と解釈すると，前出の (p, q) を次のようにした4種類の**星形正多面体**が可能です．

$$(5/2, 5), (5, 5/2), (5/2, 3), (3, 5/2) \qquad (7)$$

これらは発見者の名により**ケプラー・ポアンソの正多面体**ともよばれています．$q = 5/2$ とは各頂点において正 p 角形を一つおきに星形五角形のように組み合わせることを意味します．その概形を図4に示します．

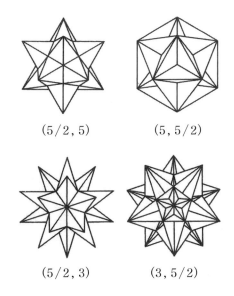

(5/2, 5)　　　(5, 5/2)

(5/2, 3)　　　(3, 5/2)

これらについてもっと詳しく解説しなければ不十分ですが，これらの体積も公式 (5) によって計算できます．但しその場合，(5) の右辺の最初の項 $pF/24 = E/12$ は，式 (6) ではなくすべて $E = 30$ であって，5/2 になります．

単なる計算ですが，4種類の星形正多面体の（一辺の長さを1と

第 2 部　幾何学関係

した) 体積の計算を今話の課題とします. いずれも前述の公式から
機械的に計算できます.

5.　設問

注意　詳しく述べる余裕がありませんが, 4 種の星形正多面体はい
ずれも正十二面体や正二十面体の辺を延長したり, 面を削ったりし
て作成できます. しかしそのような形で体積を計算すると, たぶん
公式 (5) から計算した値とは一致しないはずです. これは誤りでも
矛盾でもありません. 星形正多面体は内部で何重にも重なっている
部分があり, 公式 (5) はそれらの重複を全部込めた値を与えるから
です. 外見上の図形だけで星形正多面体を判断しては片手落ちで
す.

　またその数値は意外に小さい値になります. それは一辺の長さが
星形五角形の一辺 (正五角形の τ 倍) であり, それを 1 と標準化し
ているからです. 体積の比較は, 外接球の半径 R を 1 と標準化して
比べるほうが公平かもしれません. その場合の値も計算してみると
面白いでしょう.

参考文献

一松信, 正多面体を解く, 改訂版, 東海大学出版会, 2002.

━━━━━━━━━ **設 問 15** ━━━━━━━━━

　一辺の長さを 1 とした (7) で与えられる 4 種の星形正多面体の体
積をそれぞれ計算せよ.

━━━━━━━━━━━━━━━━━━━━━━━━━━

（解説・解答は 220 ページ）

第 **16** 話

高次元正単体の体積

1. 設問と趣旨

n 次元ユークリッド空間内で「一次独立」な (低次元の部分空間に含まれない) $(n+1)$ 個の点 $P_0, P_1, \cdots, P_n$ があるとき，その凸包すなわちベクトル的に

$$\sum_{i=0}^{n} \alpha_i P_i \ ; \ \text{ここに} \ \sum_{i=0}^{n} \alpha_i = 1, \ \alpha_i \geqq 0 \tag{1}$$

と表される点全体のなす集合を，P_i を頂点とする**単体** (simplex) とよびます．特に頂点間の距離

$$l_{ij} = l_{ji} = P_i \ \text{と} \ P_j \ \text{との距離} \ (i \neq j) \tag{2}$$

がすべて等しいとき**正単体** (regular simplex) といいます．平面 $(n=2)$ なら正三角形，3次元空間 $(n=3)$ なら正四面体です．

今回の主題は設問 16 (110 ページ) です．一辺の長さ 1 の n 次元正単体の体積を求める問題です．

数学検定での成績は大変に悪く，正答者はなかったようです．特に

$$n = 2 \ \text{のとき} \ \frac{\sqrt{3}}{4}, \ \ n = 3 \ \text{のとき} \ \frac{\sqrt{2}}{12} \tag{3}$$

は周知ですが，$n = 4$ のときの値 $\dfrac{\sqrt{5}}{96}$ を，この問題を選択した方は誰も知らなかったようです．中には $n = 4$ の場合を計算してそれから一般形を推察しようと努力した方がありましたが，$n = 4$ のと

きの値を誤ったので見当違いに終りました．確かに「4次元空間の正単体」などは，特別にその方面の研究に深入りしている少数の人以外には無用の対象かもしれません．しかしその体積の式には $\sqrt{2}$ でも $\sqrt{3}$ でもなく $\sqrt{5}$ が現れることを確実につかめば，一般的に $\sqrt{n+1}$ という項が含まれると推察できたと思います（このことも意表外？）．

上記の問題は n 次元あるいは $(n+1)$ 次元空間内に正単体をなす頂点族の座標をうまくとれば，直接に計算できます．その種の解答を歓迎しますが，以下では漸化式による計算のヒントを示します．

2. 2乗の和の最小値問題

補助定理 平面の $\triangle ABC$ の3頂点からの距離の2乗の和が最小な点 Q は $\triangle ABC$ の重心 G である．

これは有名な定理でいくつかの証明があります．中線定理を何度も反復して，任意の点 Q に対し
$$AQ^2 + BQ^2 + CQ^2 = AG^2 + BG^2 + CG^2 + 3QG^2 \tag{4}$$
を示すのが初等的な証明です．しかし現在ではベクトルを活用して (4) を導くのが有用と思います．その方法によれば平面に限らず一般の n 次元空間で，(4) と同様の結果（但し末尾の項の係数が $(n+1)$ になる）を示すことができます．

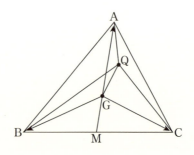

単体 P_0, P_1, $\cdots$, P_n の**重心** G は (1) において $\alpha_i = 1/(n+1)$ $(i = 0, 1, \cdots, n)$ とした点です．G をベクトルの起点として

$$\boldsymbol{v_i} = \overrightarrow{GP_i}, \quad \boldsymbol{p} = \overrightarrow{GQ} \quad (\text{Q は任意の他の点})$$

とおけば，等式

$$\sum_{i=0}^{n} \boldsymbol{v_i} = \boldsymbol{0} \ (0 \text{ ベクトル}), \quad \overrightarrow{P_iQ} = \boldsymbol{p} - \boldsymbol{v_i} \tag{5}$$

が成立します．(5) の後の式から内積を $\langle , \rangle$ で表して

$$\sum_{i=0}^{n} P_iQ^2 = \sum_{i=0}^{n} |\boldsymbol{p} - \boldsymbol{v_i}|^2$$

$$= \sum_{i=0}^{n} \boldsymbol{p}^2 + \sum_{i=0}^{n} \boldsymbol{v_i}^2 - 2\sum_{i=0}^{n} \langle \boldsymbol{p}, \boldsymbol{v_i} \rangle$$

$$= (n+1)QG^2 + \sum_{i=0}^{n} P_iG^2 - 2\left\langle \boldsymbol{p}, \sum_{i\sim 0}^{n} \boldsymbol{v_i} \right\rangle$$

ですが，(5) の最初の式により，末尾の内積は 0 に等しく，所要の等式を得ます． $\square$

3. 重心までの距離

さらに平面の場合，$a = BC$, $b = CA$, $c = AB$ とおくと

$$AG^2 = (2b^2 + 2c^2 - a^2)/9 \ (BG, \ CG \text{ も同様})$$

$$AG^2 + BG^2 + CG^2 = (a^2 + b^2 + c^2)/3$$

が知られています．n 次元の場合でも辺長を (2) のようにおくと

$$P_0G^2 = \frac{1}{(n+1)^2}\left(n\sum_{i=1}^{n} l_{oi}^2 - \sum_{i \leq j < k \leq n} l_{jk}^2 \right) \tag{6}$$

$$\sum_{i=0}^{n} P_iG^2 = \sum_{i<j} l_{ij}^2/(n+1) \tag{7}$$

が証明できます．(6) の第 1 項はその頂点から出る辺長の 2 乗和，第 2 項はその頂点を含まない辺長の 2 乗和です．他の頂点 P_i につ

第 2 部　幾何学関係

いても同じ趣旨の公式が成立します．これらも中点定理の反復で導出できますが，前節のベクトルの記号を活用して，次のように証明できます．(5)から

$$P_0G^2 = |\vec{v_0}|^2 = \langle \vec{v_0},\ \vec{v_0} \rangle = -\sum_{i=1}^{n} \langle \vec{v_0},\ \vec{v_i} \rangle \tag{8}$$

です．内積は余弦定理により

$$\langle \vec{v_j},\ \vec{v_k} \rangle = |\vec{v_j}||\vec{v_k}|\cos \angle P_j G P_k$$
$$= (|\vec{v_j}|^2 + |\vec{v_k}|^2 - l_{jk}^2)/2$$

であり，特に

$$\langle \vec{v_0},\ \vec{v_i} \rangle = (|\vec{v_0}|^2 + |\vec{v_i}|^2 - l_{oi}^2)/2 \quad (i = 1, \cdots, n)$$

です．これらを加えると(8)から

$$(n+2)P_0G^2 + \sum_{i=1}^{n} P_iG^2$$
$$= (n+1)P_0G^2 + \sum_{i=0}^{n} P_iG^2 = \sum_{i=1}^{n} l_{oi}^2 \tag{9}$$

となります．他の番号についても同様の式が出るので，全部加えて

$$(n+1+n+1)\sum_{i=0}^{n} P_iG^2 = 2\sum_{j<k} l_{jk}^2,$$

$$\sum_{i=0}^{n} P_iG^2 = \frac{1}{n+1}\sum_{1 \le j < k < n} l_{jk}^2 \tag{10}$$

を得ます(必要なら $l_{ii} = 0$ と解釈する)．(10)が P_iG^2 の和の式(7)です．さらに(9)から(10)を引けば

$$(n+1)P_0G^2 = \sum_{i=1}^{n} l_{oi}^2 - \frac{1}{n+1}\sum_{0 \le j < k \le n} l_{jk}^2$$

です．この最後の和のうち $j = 0$ である項をまとめて第 1 項から引けば，全体として式(6)になります．　　　　　　　　□

　式(6)を各 P_i に対して作って加えればもちろん(7)になります．上述の議論で各和に対する添え字の範囲に留意下さい．

4. 正単体への応用

以上は一般の単体についての話ですが，特に $j \neq k$ である l_{jk} が
すべて１に等しい正単体については

$$\mathrm{P_0G}^2 = \frac{1}{(n+1)^2}\left[n \times n - \frac{1}{2}n(n-1)\right]$$

$$= \frac{n(2n-n+1)}{2(n+1)^2} = \frac{n}{2(n+1)},$$

$$\mathrm{P_0G} = \sqrt{\frac{n}{2(n+1)}}$$

となります．$\mathrm{P_0}$ から対面の中心 $\mathrm{O_0}$ までの距離は $\mathrm{P_0G}$ の
$(n+1)/n$ 倍であり，高さは $\mathrm{P_0O_0} = \sqrt{(n+1)/2n}$ です．

ここまでくれば，n 次元の辺長１の正単体の体積は，$(n-1)$ 次
元の辺長１の正単体の $(n-1$ 次元の$)$ 体積に高さを掛けて n で割る
という「角錐」の体積の公式によって，漸化式で計算できます．冒
頭の設問をほとんど解いてしまった形ですが，あとは皆様の計算に
まかせます．

なお応募では，できれば上記とは別の方法による「検算」的な直
接計算も併せて考えて頂きたいと存じます．

5. 付記（高次元の正胞面体について）

$n \geqq 5$ 次元空間での「正多胞体」は標準形の３種類しかありませ
ん．正単体と超立方体と正軸体 (cross polytope) です．**正軸体**とは
私の仮訳ですが，中心 O で互いに直交する n 本の直線上 O の両側
に O から等しい距離にとった計 $2n$ 個の頂点を結んでできる図形で
す．$n = 2$ のときは正方形（の変形）ですが，$n = 3$ のときは正八
面体です．一辺の長さが１の超立方体の体積はもちろん１です．正

第2部　幾何学関係

軸体の体積は，中心から各側面を射影した 2^n 個の単体の合計として $2^{n/2}/n!$ と計算できます．

　これらの形を平面上にうまく投影して図を描く話はまた別の話題です．4次元空間には他に3種の散在型図形—正24胞体，正120胞体，正600胞体があります．また10通りの星形正多胞体があります．それらについても詳しい研究がありますが，ここでは深入りしません．

━━━━━━━━━━━■ 設 問 16 ■━━━━━━━━━━━

　各辺の長さがすべて1である n 次元正単体の（n 次元での）体積を求めよ．

（数学検定1級　平成23年春，選択問題）

（解説・解答は 222 ページ）

110

第3部

解析学関係

第 17 話

e の近似列

1. e の導入

　自然対数の底数の導入はいろいろな方法で可能ですが，歴史的には複利の期間を短くした極限値：

$$a_n = \left(1 + \frac{1}{n}\right)^n \quad \text{に対し} \quad \lim_{n \to \infty} a_n = e \tag{1}$$

として導入されました．数列 $\{a_n\}$ は増加で上に有界（後述）なので一定値に収束します．

　しかし教育上でも実用上でも，下からの近似 (1) だけでなく，上からの近似：

$$b_n = \left(1 + \frac{1}{n}\right)^{n+1} \quad \text{とすると} \quad \lim_{n \to \infty} b_n = e \tag{2}$$

をも併用して「はさみうち」にするほうが有用です．数列 $\{b_n\}$ は減少で下に有界（後述）であり，縮小区間列 $[a_n, b_n]$ の極限値として e が定義できます．

　上述の命題は一連の不等式

$$2 = a_1 < a_2 < \cdots < a_n < \cdots < b_n < \cdots < b_2 < b_1 = 4 \tag{3}$$

に帰着します．(3) を示せば $\{a_n\}$, $\{b_n\}$ が有界なことは明らかで，わざわざ $a_n < 3$ を別に示す必要はありません．さらに $b_n > a_n$ は明らかであり

$$b_n = a_n \times \left(1 + \frac{1}{n}\right), \quad b_n - a_n < \frac{4}{n}$$

第3部　解析学関係

から $\lim_{n \to \infty}(b_n - a_n) = 0$ もわかります.

　　$\{a_n\}$ が増加することは二項定理で展開して比較すれば証明できますが,同様の方法は $\{b_n\}$ が減少することを示すときには使えません.次節のようにすれば両方とも同様の考えで容易に証明できます.もちろん他にもいろいろの証明が可能で,私自身も工夫したことがありますが,相加平均・相乗平均の不等式を活用する次節の方法が最も簡明と思います.もちろんもっとエレガントな(と思う)証明を工夫なさった方は,是非おしらせ下さい.

2. 不等式(3)の証明

　　証明すべき不等式は $a_{n-1} < a_n$ と $b_n > b_{n-1}$ です.n 番目と $(n+1)$ 番目を比較するより,このほうが楽です.

　　$a_{n-1} < a_n$ の証明:証明すべき式は

$$\left(\frac{n}{n-1}\right)^{n-1} < \left(\frac{n+1}{n}\right)^n \Longleftrightarrow \frac{n^{2n-1}}{(n^2-1)^{n-1}(n+1)} < 1 \qquad (4)$$

です.(4)の右側の式の左辺は

$$\left(\frac{n^2}{n^2-1}\right)^{n-1} \times \frac{n}{n+1} \qquad (4')$$

と変形できます.これは $(n-1)$ 個の $\dfrac{n^2}{n^2-1}\,(>1)$ と 1 個の

$\dfrac{n}{n+1}\,(<1)$ との相乗平均の n 乗です.ところがこれらは全部が同一でなく,その相加平均は

$$\frac{1}{n}\left[\frac{n^2}{n^2-1} \times (n-1) + \frac{n}{n+1}\right] = \frac{n^2+n}{n(n+1)} = 1$$

です.これから(4')$< 1^n = 1$ となり,(4)が証明できました.　　□

　　$b_{n-1} > b_n$ の証明:証明すべき式は

114

$$\left(\frac{n}{n-1}\right)^n > \left(\frac{n+1}{n}\right)^{n+1} \Longleftrightarrow \frac{(n^2-1)^n(n+1)}{n^{2n+1}} < 1 \qquad (5)$$

です．(5)の右側の式の左辺は

$$\left(\frac{n^2-1}{n^2}\right)^n \times \frac{n+1}{n} \qquad (5')$$

ですから，n 個の $\dfrac{n^2-1}{n^2}\,(<1)$ と 1 個の $\dfrac{n+1}{n}\,(>1)$ の相乗平均の $(n+1)$ 乗です．これらの相加平均は

$$\frac{1}{n+1}\left(\frac{n^2-1}{n^2} \times n + \frac{n+1}{n}\right) = \frac{n^2+n}{(n+1)n} = 1$$

です．これから $(5') < 1^{n+1} = 1$ となって，(5)が証明できました． $\square$

3. 近似の改良

　純粋数学の世界では極限値の存在やその値が大事で収束の速さは余り問題にしません．しかし少し数値計算の世界に首をつっこむと，収束の速さ（誤差の減少率）が気にかかります．もちろん数学の体系としては e を導入した上で指数関数・対数関数の理論を展開するのが本筋です．最初の段階でテイラー展開などを活用して細かい不等式を示すのは本末転倒です．かといって微分積分を使わずに精密な不等式の証明を工夫するのは（やる価値はありますが），初心者を苦しめるだけでしょう．以下の議論は一応微分積分学の理論ができあがった段階で，もう一度基本的事項を振り返って考える時点での話です．

　前述の $a_n,\,b_n$ はともに e の近似値としては余りよくありません．ここでは証明しませんが，解答の部分で注意した**モローの不等式**

$$\frac{e}{2n+2} < e - a_n < \frac{e}{2n+1} < b_n - e < \frac{e}{2n} \qquad (6)$$

が知られています．これから相加平均 $(a_n+b_n)/2$ は，e に近づくが，e より大きいことがわかります．

第3部　解析学関係

しかしそれよりも**相乗平均**

$$\sqrt{a_n b_n} = \left(1 + \frac{1}{n}\right)^{n+\frac{1}{2}} \quad (>e) \tag{7}$$

のほうがもっと近くなります.

　(7) と e との大小判定はかつて数検1級に出題されました (平成23年春). 成績は大変に悪かったようで, 誤った「証明」(もどき) は不等式に関する, よくある多種の誤り, 例えば

　　　$a > b,\ c > d$ なら $a - c > b - d$ とか $ac > bd$ など

　　　(後者で $a,\ b,\ c,\ d$ が正とは限らない場合)

などの「展覧会」の観を呈したそうです.

　(7) $>e$ のオーソドックスな証明は, 対数をとってテイラー展開をする方法であり, 次節で論じます. しかしこの不等式に限れば積分の近似公式を活用する直接の証明ができます. それを述べて最後にこの話の課題を挙げます.

4. テイラー展開による証明

　(7) $>e$ を示すには対数をとって n を連続変数 x にすると

$$\left(x + \frac{1}{2}\right) \log\left(1 + \frac{1}{x}\right) = \left(x + \frac{1}{2}\right) \sum_{m=1}^{\infty} \frac{(-1)^{m-1}}{m x^m}$$

が1以上を示すことになります. この式は次のように変形され,

$$= 1 + \sum_{k=1}^{\infty} \frac{(-1)^k}{(k+1) x^k} - \sum_{m=1}^{\infty} \frac{(-1)^m}{(2m) x^m}$$

（前項は $k = m - 1$ と置き換え）

$$= 1 - \left(\frac{1}{2} - \frac{1}{2}\right) \frac{1}{x} + \left(\frac{1}{3} - \frac{1}{4}\right) \frac{1}{x^2} - \left(\frac{1}{4} - \frac{1}{6}\right) \frac{1}{x^3} +$$

$$+ \sum_{l=2}^{\infty} \left[\left(\frac{1}{2l+1} - \frac{1}{4l}\right) \frac{1}{x^{2l}} - \left(\frac{1}{2l+2} - \frac{1}{4l+2}\right) \frac{1}{x^{2l+1}}\right]$$

116

第17話　eの近似列

$$= 1 + \frac{1}{12}\left(\frac{1}{x^2} - \frac{1}{x^3}\right)$$

$$+ \sum_{l=2}^{\infty}\left[\frac{2l-1}{4l(2l+1)} \cdot \frac{1}{x^{2l}} - \frac{l}{2(l+1)(2l+1)} \cdot \frac{1}{x^{2l+1}}\right] \quad (8)$$

となります．ここで $l \geqq 2$, $1/x < 1$ ならば

$$\frac{2l-1}{4l(2l+1)} - \frac{l}{2(l+1)(2l+1)} = \frac{l-1}{4(2l+1)l(l+1)} > 0$$

から，(8) の第2項以降の各項はすべて正で，(8) > 1 すなわち (7) $> e$ です． $\square$

　この場合 $1/x$ の項が消えるので誤差の主項は $1/12n^2$ となり，$1/n$ 程度の誤差を含む a_n, b_n 自体よりもずっとよい近似になります．

5. 積分による評価

補助定理　$f(x)$ が $a \leqq x \leqq b$ において（下に）真に凸ならば（端点以外で連続で積分可能であり），中点公式による近似は

$$(b-a)f\left(\frac{a+b}{2}\right) < \int_a^b f(x)dx \quad (9)$$

を満たす（過小の近似）．

証明　$c = (a+b)/2$ とおく．右辺の積分を c で二分し

$$\left(\int_a^c + \int_c^b\right) f(x)dx = \int_0^{(b-a)/2}[f(c-t)+f(c+t)]dt \quad (9')$$

と変形すると，右辺の被積分関数は $2f(c)$ より大（真に凸）なので

$$(9') > 2f(c)(b-a)/2 = (b-a)f(c)$$

を得る． $\square$

　これを $a = n$, $b = n+1$, $f(x) \equiv 1/x$ （真に凸）に適用すると

$$\frac{1}{n+(1/2)} < \int_n^{n+1}\frac{dx}{x} = \log\left(1 + \frac{1}{n}\right)$$

第 3 部　解析学関係

です．これから

$$1 < \left(n+\frac{1}{2}\right)\log\left(1+\frac{1}{n}\right) = \log\left(1+\frac{1}{n}\right)^{n+\frac{1}{2}}$$

となって (7) $> e$ を得ます．　　　　　　　　　　　　　　□

　これは少々「できすぎ」の感があります．残念ながら，(出題者が
密かに期待していたらしいが) 検定の折に，このような名答 (?) を
した人はいなかったようです．

6.　付記

　不等式 $\left(1+\dfrac{1}{n}\right)^{n+1/2} > e$ について 6 種類の証明が

S.K.Khottri, Amer.Math.Monthly, 117 (2010)，p.273 − p.277 にあ
ること，また

$$\frac{1}{e}\left(1+\frac{1}{n}\right)^{n+1/2} = \exp\left[\int_0^1 \frac{t^2}{(2n+1)^2-t^2}\,dt\right] > e^0 = 1$$

といった積分表示もできるという注意を頂きました．参考までに追
加します．

設 問 17

　凸関数について台形公式は過大の近似値を与える．

$$\frac{1}{2}(b-a)[f(a)+f(b)] > \int_a^b f(x)dx$$

これを $f(x) = 1/x$ に適用したとき，e の近似に対するどういう評
価になるだろうか？

(数学検定 1 級　平成 23 年春，選択問題)

(解説・解答は 224 ページ)

第18話

円周率をめぐって

1. 円周率小史

円周率 π をめぐっては大部の著述があるほどです．ごく簡略にいくつかの論点を記します．

円の周長と直径との比が一定なことはユークリッド『原論』第12巻で厳密に証明されていますが，相似形の関連で自明と思われていたのでしょう．その比の近似値として古代には3が使われていました．最近室井和男氏が古代メソポタミアで，もう少し精密な値として

$$3, 9 \,(60\,進法) = 3\frac{9}{60} = 3.15$$

が使われたらしいという新知見を発表しています．インドなどでの $\sqrt{10} \doteqdot 3.16$ よりも精密です．なお古代エジプトでは $256/81 = (4/3)^4$ $\doteqdot 3.16049\cdots$ が使われ，$16/9$ が $\sqrt{\pi}$ の意外によい近似値であることに注意します．

ヨーロッパの中世ではアルキメデスによる $22/7$ が広く使われていたようです．祖沖之の $355/113$ は大変によい近似値で，永らく「世界記録」でした．ルネサンス期になると，正多角形の周長で近似する初等的方法から脱却して，無限列による表現が現れました．微分積分学確立の前夜 (17 世紀前半) には，西欧では次の5公式が知られていました．結果だけを示します．

第3部　解析学関係

ヴィエトの公式：

$$\sqrt{\frac{1}{2}}\sqrt{\frac{1}{2}+\frac{1}{2}\sqrt{\frac{1}{2}}}\sqrt{\frac{1}{2}+\frac{1}{2}\sqrt{\frac{1}{2}+\frac{1}{2}\sqrt{\frac{1}{2}}}}\cdots=\frac{2}{\pi}$$

ウォリスの公式（第21話参照）：

$$\frac{2\cdot2\cdot4\cdot4\cdot6\cdot6\cdot8\cdot8\cdots}{1\cdot3\cdot3\cdot5\cdot5\cdot7\cdot7\cdot9\cdots}=\frac{\pi}{2}$$

ブラウンカーの公式：

$$\frac{1|}{|1}+\frac{1^2|}{|2}+\frac{3^3|}{|2}+\frac{5^2|}{|2}+\cdots=\frac{\pi}{4}\text{（連分数）}$$

ニュートンの公式：

$$1+\frac{1}{6}+\frac{3}{40}+\frac{5}{112}+\frac{35}{1152}+\cdots=\frac{\pi}{2}$$

一般項は $1\cdot3\cdot5\cdots(2n-1)/2^n n!(2n+1)$

グレゴリー・ライプニッツの公式：

$$1-\frac{1}{3}+\frac{1}{5}-\frac{1}{7}+\cdots=\frac{\pi}{4}$$

どのようにしてこれらの公式を求めたかは，数学史の重要な主題です．詳しい話は省略しますが，今日知られている標準的な証明の多くは後世の工夫です．これらの証明も面白い課題ですが今は問いません．

しかしこれらは収束が余り速くなく，π の数値を詳しく求めるのには不適当でした．そのためにマチンの公式など収束の速い級数が多数工夫され，1970年代までコンピュータによる計算にも活用されてきました．

その後「モジュラ関数」によるもっと収束の速い計算法が発展し，数百万桁以上の計算はすべてこの方法によっています．その最も簡単な「算術幾何平均による方法」の原理は，何とか高校の微分積分学の範囲で証明できます（拙著：『教室に電卓を！Ⅱ』海鳴社，1982に紹介した）．他方和算家による業績にも興味深い結果が多いが，ここでは割愛します．

2. 円周率の無理数性

　π が不尽根数（無理数）だろうという予想は古くからあるようです．ユークリッドが π の値について何も述べていないのに不満を洩らす評論家もありますが．無理数だと予見していたのかもしれません．14世紀頃のインド（マーダヴァー学派）の数学書に「π が無理数」という意味の記載があり，たぶん連分数によるものと推定されています．

　π の無理数性は実は前出ブラウンカーの連分数からわかりますが，それを初めて「証明」したとされるのはランベルト（1761）です．しかし彼の証明はいささか奇妙な論法でした．彼は（ラジアン単位の）$\tan x$ の，逐次分子が x，逐次分母が正の整数の形の連分数展開を得ました．さてもしも π が有理数なら $\pi/4 = m/n$（有理数）なので，これをその連分数に代入して整理すると $1 = [\tan(\pi/4)$ の無限連分数展開］になります．これは 1 が無理数であるという矛盾に陥るという証明です．

　しかしこの論法は不信をかい，永らく半信半疑（？）だったようです．その後コーシーが $e^{i\pi}+1=0$ に「パデ近似」の手法を適用して「π^2 が無理数」（当然 π も無理数）というもっと強い結果を証明しましたが，複素数を使った技巧的な計算のせいもあってか，余り流布しませんでした．

　少し脱線しますが，記しておきたい逸話があります．19世紀中頃リュープセンの教科書シリーズがドイツ語圏の「高等学校」で好評でした．日本にも明治初期に輸入されています．特に最初の算術・代数・三角法・座標幾何などは名著とされています．しかし幾何学（1851）は不評でした．カジョリはコテンパンな批判をしています．特に彼が「平行線の公理を証明した」と称して長々と議論したのが致命傷でした．この点をめぐる多くの逸話も面白いが，脱線がすぎますので省略します．

　ここで述べたいのは，リュープセンが巻末に「未解決の問題」と

第3部　解析学関係

して「角の三等分」と「π の無理数性」を挙げていることです．前者が（定規とコンパスの作図では）不可能なことは，ワンツェルが1839 年に証明しましたが，ドイツの片田舎にいたリュープセンが知らなかったのは無理ないのかもしれません．後年「角の三等分屋」が輩出したのは彼の教科書のせいだという酷評さえあります．

他方後者は一世紀近く前に証明されていました．「未解決」としたのが怠慢なのか不信感のせいなのか，それにしても π の無理数性を証明し（ようとし）たアマチュア数学者がほとんどいないのは興味があります．歯がたたなかったのか，それとも超越性が証明（1882）されたので，関心が薄れたのかでしょう．

π の無理数性の証明を今回の課題としたかったのですが，素手では難しそうなので，ニヴェンによる証明を略述して肉付けを求めることにしました．実はコーシーの証明のほうが面白く，関連した多くの課題が出せますが，余りにも長くかかるので諦めました．

3.　π の無理数性の証明概要

π を有理数 m/n（m, n は定まった正の整数）と仮定し，k を十分大な（しばらく一定の）整数として

$$f(x) = x^k (\pi - x)^k n^k / k!$$
$$= x^k (m - nx)^k / k! \tag{1}$$

とおきます．これは $2k$ 次多項式で，$0 < x < \pi$ において

$$0 < f(x) < m^k x^k / k! \tag{2}$$

を満たし，また $f(\pi - x) = f(x)$ なので

$$f(0) = f'(0) = \cdots = f^{(k-1)}(0) = 0,\ f^{(l)}(0)\ \text{は整数}$$
$$f(\pi) = f'(\pi) = \cdots = f^{(k-1)}(\pi) = 0,\ f^{(l)}(\pi)\ \text{は整数}$$

$(l = k,\ k+1,\ \cdots,\ 2k)$ です．ここで

122

第 18 話　円周率をめぐって

$$F(x) = f(x) - f''(x) + f^{(4)}(x) \cdots + (-1)^k f^{(2k)}(x)$$

とおくと，これは $2k$ 次の多項式で

$$F(x) + F''(x) = f(x)$$

を満たします．さらに

$$G(x) = F'(x)\sin x - F(x)\cos x$$

とおくと

$$G'(x) = (F''(x) + F(x))\sin x = f(x)\sin x$$

なので

$$\int_0^\pi f(x)\sin x\,dx = G(x)\Big|_0^\pi = F(0) + F(\pi)\ \text{で整数} \tag{3}$$

です．しかし積分 (3) は真に正である反面，(2) から

$$0 < (3) < \int_0^\pi \frac{m^k x^k}{k!}\,dx = \frac{m^k \pi^{k+1}}{(k+1)!} \tag{4}$$

です．k を十分大にすれば，(4) の右辺は 1 より小さくなり，矛盾に陥ります．　　　　　　　　　　　　　　　　　□

━━━━━━━━━━━━ **設 問 18** ━━━━━━━━━━━━

　上述のニヴェンによる π の無理数性の証明は正しいが，説明を粗略にした．これに肉付けして完全な記述にしてほしい．π が無理数であることの別の証明も歓迎する．

（解説・解答は 226 ページ）

■第19話■

不定積分の計算例

━━━━━━ 設問 19 ━━━━━━

次の不定積分を計算せよ.

[1] $\displaystyle\int \frac{dx}{\sin x}$ ……(1)

[2] $\displaystyle\int \frac{dx}{\cos x}$ ……(2)

(解説・解答は 228 ページ)

　どちらも定跡通り $t = \tan(x/2)$ という置換によって有理化されます.その原理を解説するのが今話の主眼です.しかし応募では,なるべくならそれを使わない直接の変形・変換による工夫を主題とします.

　不定積分の計算にはある程度個々の工夫が欠かせません.しかし近年では「リッシュの算法」などコンピュータ向きの統一的算法が発展しています.上述の不定積分などは,入力すれば直ちに綺麗な答が出る状況です.もはや不定積分の細かい技法などは(特別にその算法自体を研究する場合は別として),微分積分学の教程の主流から除いてもよいという「極論」もあります.

　その当否はともかくとして,不定積分の計算技法の原理を一歩掘り下げて論ずるのが今話の趣旨です.

第3部　解析学関係

1. まず失敗を；続いて正答

　読者諸賢の中で次のような失敗をした方はありませんか？ $(\tan x)' = 1/\cos^2 x$ を念頭におき $1/\cos x = \cos x/\cos^2 x$ と変形して部分積分を試みます．すると

$$\int \frac{dx}{\cos x} = \int \frac{\cos x}{\cos^2 x} dx$$

$$= \tan x \cdot \cos x + \int \tan x \cdot \sin x \, dx$$

$$= \sin x + \int \frac{\sin^2 x}{\cos x} dx = \sin x + \int \frac{1 - \cos^2 x}{\cos x} dx$$

$$= \sin x + \int \frac{dx}{\cos x} - \int \cos x \, dx$$

$$= \sin x - \sin x + \int \frac{dx}{\cos x} \; !?$$

　最後は初めと同じ式になって骨折り損に終りました！ しかしこの変形を次のように修正するとうまくゆきます．

$$\int \frac{dx}{\cos x} = \int \frac{\cos x}{\cos^2 x} dx = \int \frac{\cos x}{1 - \sin^2 x} dx$$

として $\sin x = t$ と置換すれば，$dt = \cos x \, dx$ であり

$$与式 = \int \frac{dt}{1 - t^2} = \frac{1}{2} \int \left(\frac{1}{1-t} + \frac{1}{1+t} \right) dt$$

$$= \frac{1}{2} \log \frac{1+t}{1-t} + C \quad (t = \sin x)$$

を得ます．$1 \pm \sin x \geqq 0$ なので対数の引き数に絶対値をつける必要はありません．この形のほうが普通の公式集にある $\log \left| \tan \left(\frac{\pi}{4} + \frac{x}{2} \right) \right|$ よりも定積分の計算などには便利な場合が多いようです．同じ結果は，(2) の分子の 1 を $\cos^2 x + \sin^2 x$ と変形してもできますがやや技巧的です．設問の「模範解答」の一例を示してしまいましたが，この線でもっと他の工夫をしてほしいというのが今話の趣旨です．

126

2. 置換 $t = \tan(x/2)$ の意味

ところで $\sin x$, $\cos x$ の有理関数 $f(\sin x,\, \cos x)$ の不定積分は置換

$$t = \tan(x/2) \tag{3}$$

によって有理化できます. 実際

$$
\begin{aligned}
\sin x &= \frac{2t}{1+t^2}, \\
\cos x &= \frac{1-t^2}{1+t^2}, \quad dx = \frac{2dt}{1+t^2}
\end{aligned}
\tag{4}
$$

ですから, (4) を代入すれば t の有理関数の不定積分になり, それは t の初等関数で表されます. なお実用上では, もし被積分関数が π を周期とするときには $t = \tan x$ と置換して計算できます. 例えば a, b を正の定数として, 次の積分

$$\int \frac{dx}{a^2 \sin^2 x + b^2 \cos^2 x} \tag{5}$$

は, $t = \tan x$ により

$$
\begin{aligned}
\int \frac{dt}{a^2 t^2 + b^2} &= \frac{1}{ab} \arctan\left(\frac{at}{b}\right) + C \\
&= \frac{1}{ab} \arctan\left(\frac{a}{b} \tan x\right) + C
\end{aligned}
$$

と容易に計算できます.

式 (3) のように置換すれば有理化できるのだから, それ以上文句をいうな；その原理など無用の長物だというのも一つの態度ですが, なぜそうすればうまくゆくのかをもう少し掘り下げてみましょう.

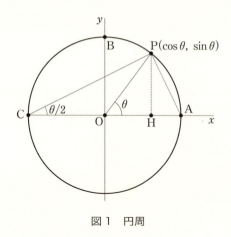

図 1　円周

変数を書き換えて(独立変数を θ にする)改めて
$$x = \cos\theta, \quad y = \sin\theta \tag{6}$$
と表すと，(6) は (x, y) 平面上の単位円周上の一点 P を表します．正の x 軸，y 軸と円周との交点を A, B とし，A の対点を C とすると(図1)
$$\angle \mathrm{POA} = \theta, \quad \angle \mathrm{PCA} = \theta/2,$$
$$t = \tan\frac{\theta}{2} = \frac{\sin\theta}{1+\cos\theta} = \frac{1-\cos\theta}{\sin\theta} \tag{7}$$
です．式(6)を(7)に代入すれば
$$tx - y = -t, \quad x + ty = 1$$
が成立します．これを x, y の連立一次方程式とみなして $x = \cos\theta$, $y = \sin\theta$ について解けば(4)を得ます．

　一般に 2 次曲線 $\varGamma$ 上に一定点 $\mathrm{P_0}$ を定め，$\varGamma$ 上の任意の点 P に対してベクトル $\overrightarrow{\mathrm{P_0P}}$ が x 軸の正の方向となす角の正接($\overrightarrow{\mathrm{P_0P}}$ の傾き)を t で表すと，2 次曲線上の点 P の座標 x, y は媒介変数 t の有理関数で表されます($\mathrm{P_0}$ 自身にはそこでの接線を対応させる)．この結果は直接に証明できます．これが 2 次式の平方根を含む無理関数の不定積分の計算を行う場合の有理化の原理です．理論上は

P₀ をどこにとってもよいが,実用上の計算では P₀ をうまくとって計算を簡略にする工夫が欠かせません.

上述の例では円 $x^2+y^2=1$ が 2 次曲線であり,定点 P₀ を点 $(-1,\,0)$ にとったことになります.このように考えると,定跡的な置換 (3) には必然性があります.

3. 無理関数の積分の一例

不定積分の「難問」の一つとされる

$$\int \sqrt{x^2-1}\,dx \tag{8}$$

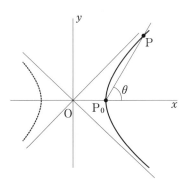

図 2　双曲線の一部

を考えてみましょう.$y=\sqrt{x^2-1}$ とおけば $x^2-y^2=1$ という(直角)双曲線です(図 2).いま $x\geqq 1$ の部分だけを考えるとして前節の定点 P₀ を $(1,\,0)$ にとると

$$t^2=\frac{x+1}{x-1},\quad x=\frac{t^2+1}{t^2-1}=1+\frac{2}{t^2-1},\quad dx=\frac{-4t}{(t^2-1)^2}\,dt$$

となります.この置換により $y=t(x-1)$ から (8) は

第3部 解析学関係

$$\int t \cdot \frac{2}{t^2-1} \cdot \frac{-4t}{(t^2-1)^2}\, dt \tag{9}$$

と変換されます．被積分関数をわざとまとめなかったのは，この
ように書くと，末尾の項が $\dfrac{d}{dt}\left(\dfrac{2}{t^2-1}\right)$ であるために，後2項が

$\dfrac{1}{2}\dfrac{d}{dt}\left(\dfrac{2}{t^2-1}\right)^2$ とまとめられることを考慮したからです．ここで
部分積分により

$$(9) = \frac{t}{2}\left(\frac{2}{t^2-1}\right)^2 - \frac{1}{2}\int\left(\frac{2}{t^2-1}\right)^2 dt \tag{9'}$$

です．後の項は定数 $-1/2$ を除いて

$$\left(\frac{2}{t^2-1}\right)^2 = \left(\frac{1}{t-1} - \frac{1}{t+1}\right)^2$$
$$= \frac{1}{(t-1)^2} + \frac{1}{(t+1)^2} - \left(\frac{1}{t-1} - \frac{1}{t+1}\right)$$

と部分分数に分解されるので，積分全体は

$$(9') = \frac{t}{2}\left(\frac{2}{t^2-1}\right)^2 + \frac{1}{2}\left[\frac{1}{t-1} + \frac{1}{t+1} - \log\frac{t+1}{t-1}\right] + C$$
$$= \frac{t}{2}\left[\left(\frac{2}{t^2-1}\right)^2 + \frac{2}{t^2-1}\right] - \frac{1}{2}\log\frac{t+1}{t-1} + C \quad \left(\frac{t+1}{t-1} > 0\right)$$

となります．この第1項は全体として

$$\frac{t}{2} \cdot \frac{2}{t^2-1} \cdot \frac{t^2+1}{t^2-1} = \frac{1}{2}(x-1)\sqrt{\frac{x+1}{x-1}} \cdot x = \frac{1}{2}x\sqrt{x^2-1}$$

とまとめられます．第2項で対数の引き数は

$$\frac{t+1}{t-1} = \frac{\sqrt{x+1} + \sqrt{x-1}}{\sqrt{x+1} - \sqrt{x-1}}$$
$$= \frac{x+1+x-1+2\sqrt{x^2-1}}{(x+1)-(x-1)} = x + \sqrt{x^2-1} > 0$$

とまとめられ，最終的に次の結果を得ます．

$$\int\sqrt{x^2-1}\,dx = \frac{1}{2}\left[x\sqrt{x^2-1} - \log(x+\sqrt{x^2-1})\right] + C \tag{10}$$

(10) が正しいことは，右辺を微分して $\sqrt{x^2-1}$ になることを計算し
て検算できます．

130

第 19 話　不定積分の計算例

　上記の計算は定跡どおりであり，すべて高校数学 III の範囲内です
が，極度に技巧的なので，普通の教科書には載っていないのが当然
かもしれません．

4.　無理関数の積分に関する追記

　前節の議論は正しいが，計算が厄介な上に $\sqrt{x^2+1}$ に対しては同
様に進みません．もう一つの考え方として，P_0 が「無限遠点」に行
った極限として平行線族 $x+y=t$ をとる方法があります．こうお
くと $t-x=y=\sqrt{x^2-1}$ を 2 乗して

$$x=\frac{1}{2}\Big(t+\frac{1}{t}\Big),\ y=\frac{1}{2}\Big(t-\frac{1}{t}\Big),\ dx=\frac{1}{2}\Big(1-\frac{1}{t^2}\Big)$$

から，次のようにして式 (10) と同じ結果を得ます．

$$
\begin{aligned}
\int \sqrt{x^2-1}\,dx &= \frac{1}{4}\int \frac{(t^2-1)^2}{t^3}\,dt \\
&= \frac{1}{4}\int \Big(t-\frac{2}{t}+\frac{1}{t^3}\Big)dt \\
&= -\frac{1}{2}\log|t| + \frac{1}{8}\Big(t^2-\frac{1}{t^2}\Big) + C \\
&= \frac{1}{2}xy - \frac{1}{2}\log(x+y) + C.
\end{aligned}
$$

　$\displaystyle\int \sqrt{x^2+1}\,dx$ も変数変換 $x+y=t$ によって同様に計算できます．
これらの変数変換の原理は知っていて損はしない知識と思います．

注意　設問 19 は，冒頭 (125 ページ) に，解答は 228 ページに記述
しました．

131

第 **20** 話

定積分の計算例

1. 定積分の計算について

定積分 $\int_a^b f(x)dx$ は $f(x)$ の不定積分（原始関数）$F(x)$ がわかれば $F(b) - F(a)$ として計算できます．しかし簡単な関数でもその不定積分が初等関数では表されない例は多数あります．$(\sin x)/x$ がその一例です．

しかしその場合でも特別な区間の定積分が理論的にうまく計算できるときがあります．そういった技巧を集めた教科書もあります（一例は G. Boros & V. H. Moll, Irresistible Integrals, Cambridge Univ. Press, 2004）．またこの種の目的には複数変数でのコーシーの積分定理や留数解析が有用な場面がよくあります．

今話はその種の話題の中から $\int_0^\infty \frac{\sin x}{x}dx = \frac{\pi}{2}$ とその応用について解説します．この定積分も複素解析の応用で綺麗に求めることができますが，わざと実変数の範囲で扱います．多少厄介なのは，この定積分が絶対収束ではない（条件収束である）ことです．

2. 所要の積分の計算（1）準備的な計算

計算の方法はいろいろありますが，以下では比較的標準的な方法

第3部　解析学関係

をとります.

補助定理 1　a を正の定数とする.

$$\int e^{-ax}\sin x dx = \frac{-e^{-ax}}{a^2+1}(a\sin x + \cos x) + C \tag{1}$$

証明　左辺を部分積分（e^{-ax} を積分）すると

$$(1) = \frac{e^{-ax}}{-a}\sin x + \frac{1}{a}\int e^{-ax}\cos x \, dx$$

である. この右辺第 2 項を再度部分積分すると

$$\frac{1}{a}\int e^{-ax}\cos x \, dx = \frac{e^{-ax}}{-a^2}\cos x - \frac{1}{a^2}\int e^{-ax}\sin x \, dx \tag{2}$$

となる. (2)から

$$\int e^{-ax}\sin x \, dx = \frac{e^{-ax}}{-a}\sin x + \frac{e^{-ax}}{-a^2}\cos x - \frac{1}{a^2}\int e^{-ax}\sin x \, dx$$

だから, 積分の項をまとめて $(1+a^2)/a^2$ で割ると

$$\int e^{-ax}\sin x \, dx = \frac{-1}{a^2+1}[e^{-ax}(a\sin x + \cos x)] + C$$

を得る. □

これから $y > 0,\ X > 0$ として

$$\int_0^X e^{-yx}\sin x \, dx = \frac{1}{y^2+1}[1 - e^{-yX}(y\sin X + \cos X)] \tag{3}$$

を得ます. 次に (3) を y について $0 \leqq y \leqq Y$ の区間で積分し, 累次積分の順序を交換します. その計算は, 被積分関数が積分域で連続なので問題ありません. その式は次のようになります. 次の式の左辺が(3)の右辺を y について積分した式です.

$$\arctan Y - \int_0^Y e^{-yX}\frac{y\sin X + \cos X}{y^2+1}dy = \int_0^X (1 - e^{-Yx})\frac{\sin x}{x}dx$$

$$\tag{4}$$

134

ここで $\dfrac{\sin x}{x}$ は，$x = 0$ のときには値 1 をとる連続関数で，$x > 0$ において絶対値は 1 未満です．

3. 所要の積分の計算 （2） 極限移行

式 (4) で $X \to \infty$，$Y \to \infty$ とすれば所要の式 $\displaystyle\int_0^\infty \dfrac{\sin x}{x} dx = \dfrac{\pi}{2}$ が出るはずですが，極限移行は慎重を要します．

まず左辺において X について一様に次の不等式が成立します．

$$\left| \frac{y \sin X + \cos X}{y^2 + 1} \right| \leqq \frac{y|\sin X| + |\cos X|}{y^2 + 1}$$

$$\leqq \frac{y + 1}{y^2 + 1} \leqq K$$

ここに K は $y > 0$ における $(y+1)/(y^2+1)$ の最大値に相当する定数で，具体的な値は $y = \sqrt{2} - 1$ のときの値 $K = (\sqrt{2} + 1)/2 = 1.2071\cdots$ です．したがって (4) の左辺第 2 項の絶対値は

$$K \int_0^Y e^{-yX} dy = \frac{K}{X}(1 - e^{-YX}) < \frac{K}{X}$$

を超えません．

次に右辺の第 2 項は $|\sin x/x| \leqq 1$ なので絶対値は

$$\int_0^X e^{-Yx} dx = \frac{1 - e^{-YX}}{Y} < \frac{1}{Y}$$

を超えません．したがって式 (4) は次のようになります．

$$\int_0^X \frac{\sin x}{x} dx + \varepsilon_1(X, Y) = \arctan Y + \varepsilon_2(X, Y) \tag{5}$$

ここで X，Y について一様に

$$|\varepsilon_1(X, Y)| < 1/Y, \quad |\varepsilon_2(X, Y)| < K/X$$

第3部　解析学関係

です．ここまでくれば，(5)において $X \to \infty$, $Y \to \infty$ として

$$\int_0^\infty \frac{\sin x}{x}dx = \frac{\pi}{2} \tag{6}$$

が証明できました．　　　　　　　　　　　　　　　　　　□

　変数変換すれば次のようになります．c を実の定数として

$$\int_0^\infty \frac{\sin(cx)}{x}dx = \begin{cases} c>0\,ならπ/2 \\ c=0\,なら0 \\ c<0\,なら-π/2 \end{cases} \tag{7}$$

となります．□

4.　応用例

　(7) を活用して計算できる定積分がいくつかあります．まず $t>0$ とすると

$$\int_0^\infty \frac{\sin(tx)}{x}dx = \frac{\pi}{2}$$

です．これを $0 \leqq a < b$ として a から b まで t について積分すれば $\sin(tx)$ の t に対する不定積分が $-\cos(tx)/x$ なので

$$\int_0^\infty \frac{\cos(ax)-\cos(bx)}{x^2}dx = \frac{\pi}{2}(b-a) \tag{8}$$

となります．厳密にいうと x と t との累次積分の順序変更をしてよいことを確める必要がありますが，それは容易にできます．次に (8) で $a=0$, $b=2$ とおいて 2 で割れば

$$\int_0^\infty \frac{\sin^2 x}{x^2}dx = \frac{\pi}{2} \tag{9}$$

136

を得ます．もっとも (9) は直接に部分積分 ($1/x^2$ を積分) によっても計算できます．

5. 設問

この話での課題は，公式 (6) の簡単な応用です．

設問 20

a, b を正の定数とし，次の定積分を計算せよ．

$$\int_0^\infty \frac{\sin(ax) \cdot \cos(bx)}{x}\, dx \tag{10}$$

（解説・解答は 231 ページ）

付記（校正の折に追加）　定積分 (6) の理論的な (実数の範囲での) 計算法は，同巧異曲的な別法がいくつか知られています．数学検定 1 級に (誘導方式で) 出題されたこともあります．

■第21話■

定積分の応用例

1. $\sin x$ の累乗の積分

$\sin x$ の累乗 $\sin^n x$ の積分 I_n は漸化式によって計算できます．$I_0 = x + C$, $I_1 = -\cos x + C$ ですから $n \geqq 2$ とします．

$$\sin^n x = \sin^{n-2} x \cdot \sin^2 x = \sin^{n-2} x \cdot (1 - \cos^2 x)$$

と変形すると

$$I_n - I_{n-2} = -\int \sin^{n-2} x \cdot \cos^2 x \, dx \tag{1}$$

ですが，右辺の被積分関数を $(\sin^{n-2} x \cdot \cos x) \cos x$ と考えて部分積分（第1項を積分）すると

$$(1) = -\frac{1}{n-1} \sin^{n-1} x \cdot \cos x - \frac{1}{n-1} \int \sin^{n-1} x \cdot \sin x \, dx$$

となります．末尾の積分は I_n 自体なので，(1) の左辺とまとめると次のような漸化式を得ます．

$$I_n = \frac{n-1}{n} I_{n-2} - \frac{1}{n} \sin^{n-1} x \cdot \cos x \tag{2}$$

(2) を反復して n を2ずつ下げれば，最後は I_0 か I_1 に帰して，正の整数 n に対する I_n が計算できます．

第3部　解析学関係

2. ウォリスの公式

(2)の一つの重要な応用は，円周率 π を表す無限乗積

$$\frac{\pi}{2} = \lim_{m \to \infty} \frac{2 \cdot 2 \cdot 4 \cdot 4 \cdots (2m-2) \cdot 2m}{1 \cdot 3 \cdot 3 \cdot 5 \cdot 5 \cdots (2m-1)(2m-1)} \tag{3}$$

でしょう．(3)は**ウォリスの公式**とよばれており，17世紀(微分積分学確立の前夜)に得られた5種類の π の極限表示(第18話参照)の一つとして有名です．但し積分(2)による以下の(今日の標準的な)証明は，約1世紀後にオイラーによるものです．

$\displaystyle\int_0^{\frac{\pi}{2}} \sin^n x\, dx = a_n$ とおくと，(2)から表示式

$$a_{2m} = \frac{(2m-1)(2m-3)\cdots 5 \cdot 3 \cdot 1}{2m(2m-2)\cdots\cdots 4 \cdot 2} \cdot \frac{\pi}{2},$$

$$a_{2m+1} = \frac{2m(2m-2)\cdots\cdots 4 \cdot 2}{(2m+1)(2m-1)\cdots\cdots 5 \cdot 3} \tag{4}$$

を得ます．ここで $0 \leqq \sin x \leqq 1$ であり，a_n は n について減少列：$a_{2m-1} > a_{2m} > a_{2m+1}$ なので，(4)により，比をとって

$$\frac{2 \cdot 2 \cdot 4 \cdot 4 \cdots (2m-2) \cdot 2m}{1 \cdot 3 \cdot 3 \cdot 5 \cdots (2m-1)(2m-1)} > \frac{\pi}{2}$$

$$> \frac{2 \cdot 2 \cdot 4 \cdot 4 \cdots\cdots 2m \cdot 2m}{1 \cdot 3 \cdot 3 \cdot 5 \cdot 5 \cdots\cdots (2m-1) \cdot (2m+1)} \tag{5}$$

が成立します．(5)の右辺は左辺の $2m/(2m+1)$ 倍であり，この比は1に近づくので，(5)の両辺は同一の値 $\pi/2$ に収束します．　□

(3)の右辺は

$$(2^m \cdot m!)^4 / ((2m)!)^2 2m$$

とも表されるので，平方根をとって

$$\lim_{m \to \infty} (2^m \cdot m!)^2 / (2m)! \sqrt{m} = \sqrt{\pi} \tag{3'}$$

と書くことができます．(3')はスターリングの公式の定数を定める折に活用されます．

(3)は第18話でも引用した有名な結果で，有用な式ですが，今話

140

では枝道です．主目標は次節の公式です．

3. 2乗の逆数の和

整数の 2 乗の逆数の和 $\displaystyle\sum_{n=1}^{\infty}\frac{1}{n^2}$ は収束しますが，その具体的な値 $(\pi^2/6)$ は 18 世紀の数学での大問題でした．オイラーが巧妙な方法で求めたのは有名ですが，近年オイラーがダニエル・ベルヌイにあてた手紙 (1768 年 4 月 16 日付) が発見され，その中で，漸化式 (2) を活用した下記のような証明を与えていることがわかりました．

積分を使ってこの和を計算する初等的な方法としては，元鹿児島大学の松岡芳男教授による巧妙な計算があります．拙著『解析学序説，上』(裳華房) にも紹介しておきましたが，以下のオイラーのやり方は注目に値いします．

まず (2) で $n+2$ を n と置きかえると

$$I_n = \frac{1}{n+1}\sin^{n+1}x\cdot\cos x + \frac{n+2}{n+1}I_{n+2} \tag{2'}$$

です．そこでこれを $n=0$ から使うと， 積分定数を $x=0$ のとき 0 として

$$x = I_0 = \sin x\cdot\cos x + \frac{2}{1}I_2$$

$$= \sin x\cdot\cos x + \frac{2}{3}\sin^3 x\cos x + \frac{2\cdot 4}{1\cdot 3}I_4$$

$$= \sin x\cdot\cos x + \frac{2}{3}\sin^3 x\cdot\cos x$$

$$+ \frac{2\cdot 4}{3\cdot 5}\sin^5 x\cdot\cos x + \frac{2\cdot 4\cdot 6}{1\cdot 3\cdot 5}I_6$$

$$+\cdots\cdots \tag{6}$$

です．これを 0 から $t\,(>0)$ まで積分すれば

141

第3部　解析学関係

$$\frac{t^2}{2} = \frac{1}{2}\sin^2 t + \frac{2}{3} \cdot \frac{1}{4}\sin^4 t + \frac{2 \cdot 4}{3 \cdot 5} \cdot \frac{1}{6}\sin^6 t$$

$$+ \frac{2 \cdot 4 \cdot 6}{3 \cdot 5 \cdot 7} \cdot \frac{1}{8}\sin^8 t + \cdots\cdots \tag{7}$$

です．さらに t について 0 から $\pi/2$ まで積分すれば

$$\frac{1}{6}\left(\frac{\pi}{2}\right)^3 = \frac{1 \cdot 1}{2 \cdot 2}\frac{\pi}{2} + \frac{2 \cdot 1}{3 \cdot 4} \cdot \frac{3 \cdot 1}{4 \cdot 2}\frac{\pi}{2} + \frac{2 \cdot 4 \cdot 1}{3 \cdot 5 \cdot 6} \cdot \frac{5 \cdot 3 \cdot 1}{6 \cdot 4 \cdot 2}\frac{\pi}{2} + \cdots\cdots$$

$$\tag{8}$$

となります．(8)の右辺の一般項は

$$\frac{2 \cdot 4 \cdots (2m-2) \cdot 1}{3 \cdot 5 \cdots (2m-1) \cdot 2m} \cdot \frac{(2m-1)(2m-3)\cdots 3 \cdot 1}{2m(2m-2)\cdots 4 \cdot 2}\frac{\pi}{2} = \frac{1}{(2m)^2} \cdot \frac{\pi}{2}$$

ですから，両辺を $\pi/8$ で割れば，所要の式

$$\frac{\pi^2}{6} = 1 + \frac{1}{2^2} + \frac{1}{3^2} + \cdots = \sum_{m=1}^{\infty}\frac{1}{m^2}$$

となります．　　　　　　　　　　　　　　　　　　　　　　□

4.　負の指数の場合

前述の漸化式(2)，(2')は分母が 0 でない限り，n が負の整数でも
成立します．(2')は $n \neq -1$ なら n が負でも正しい式です．この
とき最後の項は

$$I_{-2} = \int \frac{dx}{\sin^2 x} = \frac{-1}{\tan x} + C,$$

$$I_{-1} = \int \frac{dx}{\sin x} = \log\left|\tan\frac{x}{2}\right| + C$$

であり，負の累乗の $\sin x$ の積分は次のようになります．ここで
$k = 1$ の場合の分子は 1 と解釈します(積分定数は省略)．

第 21 話　定積分の応用例

$$\int \frac{dx}{\sin^{2m} x} = -\sum_{k=1}^{m} \frac{(2m-2)(2m-4)\cdots(2m-2k+2)}{(2m-1)(2m-3)\cdots(2m-2k+1)} \cdot \frac{\cos x}{\sin^{2m-2k+1} x},$$

$$\int \frac{dx}{\sin^{2m+1} x} = -\sum_{k=1}^{m} \frac{(2m-1)(2m-3)\cdots(2m-2k+3)}{(2m)(2m-2)\cdots(2m-2k+2)} \cdot \frac{\cos x}{\sin^{2m-2k+2} x}$$

$$-\frac{(2m-1)(2m-3)\cdots 5\cdot 3}{(2m)(2m-2)\cdots 4\cdot 2} \log\left|\tan\frac{x}{2}\right|$$

n が奇数の場合と偶数の場合とで形が違いますが，実際には I_{-1} が対数を含む項になるための見掛け上の差にすぎません．なお I_{-1} は第 19 話で扱ったとおり，$t = \cos x$ と置換して

$$\int \frac{dx}{\sin x} = \int_1 \frac{\sin x}{1-\cos^2 x}\, dx$$
$$= -\int \frac{dt}{1-t^2} = \frac{-1}{2}\int\left(\frac{1}{1-t}+\frac{1}{1+t}\right)dt$$
$$= \frac{1}{2}\log\left|\frac{1-t}{1+t}\right| + C$$
$$= \frac{1}{2}\log\frac{1-\cos x}{1+\cos x} + C$$

としたほうが便利かもしれません．

5.　設問

　3 節の記述はオイラーの原文にほぼ添っています．正しい証明ですが，現在の観点からうるさくいうと若干厳密性に欠けます．特に級数の収束性と項別積分可能性について課題が残ります．多少異質ですが，その点を課題にします．

━━━━━━━━━━ 設問 21 ━━━━━━━━━━

　3 節の証明を合理化し，現在の観点から厳密に記述せよ．

━━━━━━━━━━━━━━━━━━━━━━━━━━━━━

（解説・解答は 232 ページ）

第22話

端補正の数値積分公式

1. 数値積分公式について

定積分 $I = \displaystyle\int_a^b f(x)dx$ の近似値を計算するための**数値積分公式**は多数知られています．昔の教科書には「$f(x)$ を適当に補間した簡単な関数 $p(x)$（例えば多項式）の定積分値を近似値とする」と記されていました．もちろんそのような形で作られた（そしてよく使われる）公式も多数あります．しかし近年ではその枠にとらわれず，色々な条件下で適当な積和を近似積分公式としています．

ここで解説する**端補正公式**とは，数値積分公式の誤差の主要項を，端点での微分係数 $f'(a)$, $f'(b)$ で表してその分を補正しようという考えです．導関数 $f'(x)$ が簡単に直接に計算できるときには有用な場合もありますが，むしろ理論的な興味と理解すべきかもしれません．ただ筆者が興味をもったのは，例えば端補正台形公式（後述）が，端点での値 $f(a)$, $f(b)$ と微分係数 $f'(a)$, $f'(b)$ を合せたエルミート補間多項式の積分値と解釈できるという事実です．その意味で微分積分学の演習課題という気持ちで進むことにします．

第3部　解析学関係

2. 台形公式と誤差

定積分 I に対する台形公式

$$T' = \frac{b-a}{2}[f(a)+g(b)] \tag{1}$$

は，両端の値を結ぶ線分 (1 次式) で $f(x)$ を近似して積分した式と解釈されます．$f(x)$ が十分な回数 (さしあたり 2 回) 連続的に微分可能 (C^r 級，$r \geqq 2$) と仮定し，$I-T$ を次のように変形 (部分積分) します．

$$
\begin{aligned}
I-T &= \int_a^b f(x)dx - \left(x-\frac{a+b}{2}\right)f(x)\Big|_{x=a}^b \\
&= -\int_a^b \left(x-\frac{a+b}{2}\right)f'(x)dx - \frac{1}{2}(x-a)(b-x)f'(x)\Big|_{x=a}^b \\
&= -\frac{1}{2}\int_a^b (x-a)(b-x)f''(x)dx
\end{aligned} \tag{2}
$$

これは逆に天降り的に (2) の右辺を考え，それを逆向きに 2 回部分積分して左辺を得ると考えたほうが自然かもしれません．ともかく (2) の右辺は T による近似の誤差を表します．

以上は「一区間での台形公式」ですが，普通に**台形公式**とよばれるのは，積分区間 $a \leqq x \leqq b$ を n 等分し，分点を

$$a_k = a+(b-a)k/n,$$
$$k = 0, 1, \cdots, n \; ; \; a_0 = a, \; a_n = b$$

とおき，長さ $h = (b-a)/n$ の各小区間に上記の台形公式を適用して，総和した公式です (**区分台形公式**).

$$\tilde{T} = h\left\{\frac{1}{2}[f(a)+f(b)]+\sum_{k=1}^{n-1} f(a_k)\right\} \tag{3}$$

このとき各小区間 $[a_k, a_{k+1}]$ では $f''(x)$ の変化は僅かで，それを代表値 $f''(\xi_k)$ で置き換えてもよいとすると，誤差式 (2) は各小区間で

146

第22話　端補正の数値積分公式

$$-\frac{1}{2}f''(\xi_k)\int_{a_k}^{a_{k+1}}(x-a_k)(a_{k+1}-x)dx$$

$$=\frac{(a_{k+1}-a_k)^3}{12}f''(\xi_k)=-\frac{h^3}{12}f''(\xi_k)$$

によって十分によく近似でき，全体として

$$I-\tilde{T} \doteq -\frac{h^3}{12}\sum_{k=0}^{n-1}f''(\xi_k),\quad a_k \leqq \xi_k \leqq a_{k+1} \tag{4}$$

と表すことができます．(4)の右辺において，$f''(\xi_k)$ の和の h 倍は
リーマン積分の積和そのもので，h が十分小さければ

$$\int_a^b f''(x)dx = f'(b)-f'(a)$$

で十分によく近似できます．結局(4)の右辺は

$$-(h^2/12)[f'(b)-f'(a)] \tag{5}$$

で近似できます．この分を補正して

$$T^* = \tilde{T}-(h^2/12)[f'(b)-f'(a)], \tag{6}$$

$$\tilde{T} \text{ は式(3)}$$

とした公式が，端補正台形公式です．

　(6)自体の誤差解析は f がさらに C^4 級と仮定すると，$h^4 f^{(4)}(\xi)$
の定数倍の形であることが導かれますが，その詳細は省略します．

3.　端補正台形公式の別解釈

　一区間の場合に戻って，両端での関数値 $f(a)$，$f(b)$ だけでなく，
そこでの微分係数まで合うエルミート補間式を考えます．一般論も
ありますが，ここでは直接に計算します．4 個の条件があるので 3
次式が必要です．この場合計算が楽なように表現を工夫します．

　まず両端の値だけを合わせるのは 1 次式

147

第3部　解析学関係

$$\frac{x-a}{b-a}f(b)+\frac{b-x}{b-a}f(a) \tag{7}$$

でよく，その積分は台形公式(1)そのものです．(7)の微分係数は一定数 $l=[f(b)-f(a)]/(b-a)$ です．次に両端での値を変えないように，(7)に3次の付加項

$$g(x)=(x-a)(b-x)[\alpha+\beta(x-(a+b)/2)] \tag{8}$$

を加えます．この形は(8)の積分値が $\alpha(b-a)^3/6$ で，β の値を計算しなくて済むように工夫したものです．(8)の導関数のうち最後の項を微分した部分は $x=a,b$ で0になり，$g'(a)$, $g'(b)$ は $(x-a)(b-x)$ を微分した値から

$$g'(a)=(b-a)[\alpha-\beta(b-a)/2],$$
$$g'(b)=-(b-a)[\alpha+\beta(b-a)/2]$$

と表されます．(7)+(8)の微分係数を条件に合わせて

$$f'(a)=l+(b-a)\alpha-\beta(b-a)^2/2,$$
$$f'(b)=l-(b-a)\alpha-\beta(b-a)^2/2$$

とします．差をとって

$$\alpha=[f'(a)-f'(b)]/2(b-a)$$

です．補間3次式(7)+(8)の積分値は

$$T-[f'(b)-f'(a)](b-a)^2/12$$

であり，端補正台形公式(6)と一致します．さらなる誤差解析はこの形で扱ったほうが容易で厳密です．

　小区間に分割した場合は，各小区間でエルミート補間した3次式をつないでできる一種の「スプライン補間」を積分したと考えることができます．中間分点での $f'(a_k)$ は打ち消し合い，端補正は両端での値 $f'(b)-f'(a)$ だけで済むのに注意します．

148

4. 中点公式の場合

台形公式と「相補的」な積分公式として，各小区間の中点を代表値にとる**中点公式**があります．まず一区間で $I = \int_a^b f(x)dx$ に対し

$$C = (b-a)f\left(\frac{a+b}{2}\right) \tag{9}$$

を考えます．記述を簡略化するために

$$c = (a+b)/2, \ d = (b-a)/2\,;$$
$$c-d = a, \ c+d = b$$

と置き，積分 I を中点で分割して

$$I = \int_0^d [f(c+t) + f(c-t)]dt$$

と考えます．今度は天降り的ですが

$$\frac{1}{2}\left[\int_a^c (x-a)^2 f''(x)dx + \int_c^b (x-b)^2 f''(x)dx\right]$$
$$= \frac{1}{2}\int_0^d (d-t)^2 [f''(c+t) + f''(c-t)]dt \tag{10}$$

を考え，(10)の右辺を2回部分積分すると

$$(10) = \frac{1}{2}(d-t)^2 [f'(c+t) - f'(c-t)]\Big|_{t=0}^{d}$$
$$+ \int_0^d (d-t)[f'(c+t) - f'(c-t)]dt$$
$$= (d-t)[f(c+t) + f(c-t)]\Big|_{t=0}^{d}$$
$$+ \int_0^d [f(c+t) + f(c-t)]dt$$
$$= -2df(c) + I = I - (b-a)f((a+b)/2)$$
$$= I - C$$

となり，(10)が誤差を表します．

第3部　解析学関係

区間全体を n 等分し，各小区間に中点公式を適用して加えると

$$\tilde{C} = h\sum_{k=1}^{n} f\left(a+\left(k-\frac{1}{2}\right)h\right), \quad h=\frac{b-a}{n} \tag{11}$$

を得ます（区分中点公式）．各小区間で $f''(x)$ の変化が僅かなら，(10)の左辺は

$$\frac{1}{2}\times\frac{1}{3}\times\left(\frac{b-a}{2}\right)^3\cdot[f''(\xi)+f''(\eta)],$$
$$a\leqq\xi\leqq c\leqq\eta\leqq b$$

で十分によく近似できます．全体として

$$I-\tilde{C} \doteqdot \frac{h^3}{48}\sum_{k=1}^{n}[f''(\xi_k)+f''(\eta_k)]$$
$$\doteqdot \frac{h^2}{24}\cdot\int_a^b f''(x)dx$$
$$= h^2[f'(b)-f'(a)]/24, \tag{12}$$
$$(a_{k-1}\leqq\xi_k\leqq(a_{k-1}+a_k)/2\leqq\eta_k\leqq a_k)$$

で十分よく近似できます．(12)を補正して

$$C^* = \tilde{C}+h^2[f'(b)-f'(a)]/24 \tag{13}$$

とした公式が**端補正中点公式**です．台形公式の場合(5)と比べて，補正量の符号が反対で，値が半分であることに注意します．

　それならば両者の重みつき平均

$$S = (\tilde{T}+2\tilde{C})/3 \tag{14}$$

を作れば，微分係数を計算しなくても精度が向上すると考えられます．S はシンプソンの公式そのものですから，その考えは正当です．これについても4階導関数まで考えた誤差の積分表示や，3階導関数による端補正公式を論ずることが可能です．しかしかなり繁雑になるのでこれ以上深入りはしません．

150

5. 簡単な例

素朴な一例ですが $I = \displaystyle\int_0^1 x^3 dx = \dfrac{1}{4}$ に適用します．区間を 10 等分して台形公式を適用すると

$$\tilde{T} = \frac{1}{10}\left[\frac{1}{2} + \sum_{k=1}^{9}\left(\frac{k}{10}\right)^3\right] = 0.2525$$

です．$f'(x) = 3x^2$ で端補正量は $-3/(12 \times 10^3) = -0.0025$ であり，補正すると正確に $0.25 = 1/4$ になります．これは被積分関数が 3 次式でエルミート補間が自分自身だから，ある意味では当然の結果です．

中点公式によると，同じく区間を 10 等分して

$$\tilde{C} = \frac{1}{10}\sum_{k=0}^{9}\left(\frac{2k+1}{20}\right)^3 = 0.24875$$

です．端補正量は $+3/(24 \times 10^3) = 0.00125$ で結果は正確に 0.25 になります．但しこの例は結果的に自明に近い場合であり，これをもって端補正公式のよさを過大評価してはいけません．

もう少し本格的な例として $\displaystyle\int_0^1 \dfrac{dx}{1+x^2} = \dfrac{\pi}{4}$ について，区間を 8 等分して計算すると次のとおりです．

$$T = 0.78474712, \quad C = 0.78572368$$

$f'(1) - f'(0) = -1/12$，補正量はそれぞれ $1/1536$，$-1/3072$ であり，結果は T^* も C^* も 0.78539816 と末位まで正しい値になりました．但し詳細は略しますがこの積分には特殊性があり，これを典型例だと思ってはいけません．

6. 設問

ここでの課題は一区間の端補正中点公式の解釈です.

設問 22

定積分 $I = \int_a^b f(x)dx$ の近似値として,端補正中点公式

$$C^* = (b-a)f\left(\frac{a+b}{2}\right) + \frac{(b-a)^2}{24}[f'(b)-f'(a)]$$

を使うとする.この公式を,$f(x)$ に対して中点での値と両端での微分係数を使った適当なエルミート補間多項式の積分値と解釈せよ.また 3 次以下の多項式の積分値は,C^* によって正確に計算できる $(I = C^*)$ ことを確かめよ..

（解説・解答は 235 ページ）

第23話

曲線の長さと分割

1. 曲線の長さ

　ここでの課題は宮城県・佐藤郁郎氏の発案で，同氏の御努力に賞賛と感謝の念を表明申します．

$$x = x(\theta), \quad y = y(\theta), \quad \alpha \leq \theta \leq \beta \tag{1}$$

と媒介変数表示される曲線の長さが

$$\int_{\alpha}^{\beta} \sqrt{\left(\frac{dx}{d\theta}\right)^2 + \left(\frac{dy}{d\theta}\right)^2}\, d\theta \tag{2}$$

と表されることは，教科書にある通りです．具体的に計算できる例に乏しいという理由で，一時期高等学校数学III（微分積分）から除かれたこともありましたが，媒介変数表示される曲線，特にルーレット曲線の類には手頃な課題が多数あり，現在では復活しました．

　佐藤氏の直接の目標は，定規とコンパスで弧長が任意等分できる曲線でした．その一般形は難問ですが，いくつかの実例を紹介し，さらに探索するのが今話の目標です．

2. 実例(1) サイクロイド

　サイクロイドは直線 l 上を円が滑らずに転がるとき，円周上の一点の描く軌跡です．l を実軸とし円の半径が1で，最初に原点で接

していた点の軌跡とすると，θ だけ進んだときの位置は，θ をラジアン単位の角として
$$x = \theta - \sin\theta, \quad y = 1 - \cos\theta \tag{3}$$
と表されます（図1）．$\theta = 0$ から α までの弧長は
$$l(\alpha) = \int_0^\alpha \sqrt{(1-\cos\theta)^2 + \sin^2\theta}\, d\theta \tag{4}$$
ですが，(4) の被積分関数は，$\theta \leqq 2\pi$ のとき
$$\sqrt{1 - 2\cos\theta + 1} = \sqrt{4\sin^2(\theta/2)} = 2\sin(\theta/2)$$
と変形でき，(4) は $4[1 - \cos(\alpha/2)]$ となります．

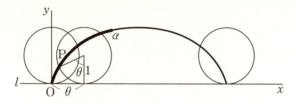

図1 サイクロイド

特に $\alpha = 2\pi$ とした一つの弧全体の長さは 8 です．これを n 等分する点（0 からの弧長が $8m/n$ $(m = 1, 2, \cdots, \lfloor n/2 \rfloor)$ の点）は，上述から
$$\cos(\alpha_m^{(n)}/2) = 1 - 2m/n = c \text{（とおく）} \tag{5}$$
で与えられます．角 $\alpha_m^{(n)}$ そのものが直接に定規とコンパスで作図できるのは，
$$m/n = 1/2, \ \alpha_1^{(2)} = \pi \quad \text{と} \quad m/n = 1/4, \ \alpha_1^{(4)} = 2\pi/3$$
に限ります．しかし (5) の c の値は有理数であり，それに対する高さ
$$y = 1 - \cos\alpha_m^{(n)} = 2c^2, \quad c \text{ は (5) 参照}$$
の値は定規とコンパスで作図可能です．すなわちサイクロイド (3)

そのものが正確に描かれているならば，所要の y の値を作図してその高さの水平線との交点を求めることにより，サイクロイドの $\theta = 0$ から 2π までの弧は任意の正の整数 n に対して n 等分点全部が作図できます（作図上の誤差は無視する）．

3. 実例(2) カージオイド

カージオイド（心臓形）は固定円の外側を同じ半径の円が滑らずに転がるときにできるルーレット曲線です（図2）．両円の半径を 1 とし，最初座標 $(1, 0)$ の点で接していた動円上の点の軌跡を考えると，それは

$$x = 2\cos\theta - \cos 2\theta, \quad y = 2\sin\theta - \sin 2\theta,$$
$$0 \leqq \theta \leqq 2\pi \tag{6}$$

と表されます．

このとき長さを表す積分(2)の被積分関数の 2 乗は

$$[-2(\sin\theta - \sin 2\theta)]^2 + [2(\cos\theta - \cos 2\theta)]^2$$
$$= 4[\sin^2\theta + \cos^2\theta + \sin^2 2\theta + \cos^2 2\theta$$
$$- 2(\cos\theta \cdot \cos 2\theta + \sin\theta \cdot \sin 2\theta)]$$
$$= 4 \times 2(1 - \cos\theta) = 16\sin^2(\theta/2)$$

となり，起点 $(1, 0)$ から $\theta = \alpha$ までの弧長は

$$8[1 - \cos(\alpha/2)]$$

です．$\alpha = 2\pi$ とした全長は 16 で，その m/n 倍 $(0 < m \leqq n/2)$ の点は，前出の(5)と同様の式で表されます．

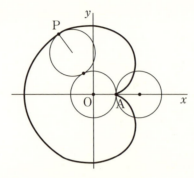

図2 カージオイド

このとき，それに対応する点の座標は
$$\begin{cases} x = 2\cos\alpha - \cos 2\alpha = -8c^4 + 12c^2 - 3, \\ y = 2\sin\alpha - \sin 2\alpha = 8c(1-c^2)^{3/2} \quad (|c|<1) \end{cases}$$

と表され，これらは定規とコンパスで作図できる量です．例えば全長を3等分する点は$(-143/81, \pm 128\sqrt{2}/81)$ですし，4等分する点は$\alpha = \pm 2\pi/3$に相当する$(-1/2, \pm 3\sqrt{3}/2)$です．角$\alpha$自体が直接に作図できなくても，点$(x, y)$が作図可能な場合が多数です．あるいは
$$\sqrt{x^2+y^2} = \sqrt{5-4\cos\theta} = \sqrt{9-8c^2}$$
が作図可能ですから，この円との交点を求めてもよいでしょう（実際には作図誤差が大きいが）．

4. 実例(3) エピサイクロイド

前節の局面で，固定円の半径aと回転円の半径（1とする）が異なる場合が**エピサイクロイド**です．その方程式は

$$x = (a+1)\cos\theta - \cos(a+1)\theta,$$
$$y = (a+1)\sin\theta - \sin(a+1)\theta \tag{7}$$

となります．$a=1$ のときが前節のカージオイドです．a が正の整数ならば，a 葉の弧からなる閉曲線になります．$\theta=0$ から $\theta=\alpha$ までの弧長は同様に計算できて $(0 \leq \alpha \leq 2\pi/a)$

$$\frac{4(a+1)}{a}\left(1-\cos\frac{a\alpha}{2}\right) \tag{8}$$

と表され，全長は $8(a+1)$ です．等分点では $\cos(a\alpha/2)$ が定まります．例えば $a=2$ ならそれから $\cos\alpha$ が定まるので，$\sin\alpha$, $\cos 3\alpha$, $\sin 3\alpha$ などが作図できて (7) から (x, y) が作図できます．$a=2$ のとき (図 3) は**ネフロイド**（腎臓形）とよばれます．他方 $a=3$ だと $\cos(3\alpha/2)$ がわかっても，それから $\cos\alpha$, $\sin\alpha$ が定規とコンパスでは作図できないので（角の三等分になる），任意の等分点が定規とコンパスで直接に作図できるとは限りません．しかし

$$x^2 + y^2 = (a+1)^2 + 1 - 2(a+1)\cos a\theta$$

なので，$\cos 3\alpha$ が作図できれば x, y が求められそうです．

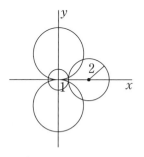

図 3　$a=2$ の場合（概略の図）

5. 設問

若干あいまいですが，次の問題を提出します．

─── **設 問 23** ───

エピサイクロイド (7) のうち，$a = 1, 2$ 以外にも，全弧長を任意の整数 n 等分する点が，定規とコンパスだけで作図できる場合を吟味せよ．一般解は要求しない．

(解説・解答は 236 ページ)

■■■■■■■■■■■■ 第24話 ■

微分方程式とベキ級数

1. 趣旨

与えられた解析関数 $f(x)$ をベキ級数 $\sum_{k=0}^{\infty} a_k(x-c)^k$ に展開するには，逐次導関数により

$$a_k = f^{(k)}(c)/k! \tag{1}$$

とおけばよいわけです．しかし微分方程式を介して

$$\text{関数 } f(x) \text{ ——微分方程式——ベキ級数} \tag{2}$$

とする手法は，有用な割りに余り知られていないようです．そう推定する根拠は，これを論じた教科書が少ないことと，数学検定などでこの種の問題の成績不振（計算誤りでなく手がつけられない実情）です．もしかすると微分方程式論，特にベキ級数による解法は，微分積分学とはまったく無関係な別の課程として扱われているせいかもしれません．

　(2) の扱いは双方向です．第1は $f(x)$ のベキ級数展開を求めるのに $f(x)$ の満たす簡単な微分方程式を作り，そのベキ級数解を求めるという方向です．第2は逆にベキ級数が与えられたとき，それの満たす微分方程式を求め，それを適切な初期条件の下で解いて，もとのベキ級数の表す関数を具体的に求める方向です．両方の一例ずつを示したあとで，後者の形の設問（後述）が今話の課題です．

　上記のような議論のためには，ベキ級数の項別微分・項別積分の

第3部　解析学関係

可能性と，微分方程式の（適切な初期条件下での）解の一意性が基礎になります．しかしこれらは解析学の基本的な理論なので既知とします．

2.　ベキ級数展開の例

次の関数を考えます．

$$f(x) = \frac{\arcsin x}{\sqrt{1-x^2}} \quad (-1 < x < 1) \tag{3}$$

ここに $y = \arcsin x$ は正弦関数の逆関数の主値，すなわち $-1 \leqq x \leqq 1$ において $-\pi/2 \leqq y \leqq \pi/2$ であり，$\sin y = x$ を満たす x と y との関数を表します．その導関数は $1/\sqrt{1-x^2}$ ですから，これを二項展開したベキ級数を項別積分すれば，$\arcsin x$ のベキ級数になります．そこで $x = 1$ と置いたのが，第18話で引用した π に関するニュートンの公式です．他方それに $1/\sqrt{1-x^2}$ のベキ級数を掛ければ原理的には計算できるはずですが，そのような方法は見透しが悪く泥沼に陥ります．(3) については以下のように微分方程式を介する方法が功を奏します．

(3) を y とおくとその導関数は

$$y' = \frac{1}{\sqrt{1-x^2}\sqrt{1-x^2}} + \frac{x\arcsin x}{(1-x^2)^{3/2}}$$
$$= \frac{1}{1-x^2}\left(1 + \frac{x\arcsin x}{\sqrt{1-x^2}}\right)$$

です．両辺に $(1-x^2)$ を乗ずると微分方程式

$$(1-x^2)y' = 1 + xy \tag{4}$$

を得ます．他方 (3) は $x = 0$ において解析的であり，ベキ級数

$$y = \sum_{k=1}^{\infty} a_k x^k \quad (y(0) = 0) \tag{5}$$

で表されます（収束半径は 1 のはず）．(5) を (4) に代入して

$$y' = \sum_{k=1}^{\infty} k a_k x^{k-1}$$

$$= a_1 + 2a_2 x + \sum_{k=1}^{\infty} (k+2) a_{k+2} x^{k+1}$$

に注意すると，$y' = 1 + x^2 y' + xy$ の形で

$$a_1 + 2a_2 x + \sum_{k=1}^{\infty} (k+2) a_{k+2} x^{k+1} = 1 + \sum_{k=1}^{\infty} a_k x^{k+1} + \sum_{k=1}^{\infty} k a_k x^{k+1}$$

となります．この両辺を比較すると

$$a_1 = 1, \quad a_2 = 0, \ (k+2) a_{k+2} = (1+k) a_k \quad (k \geqq 1)$$

となります．これから偶数次の $a_{2l} = 0$，奇数次は

$$a_{k+2} = \frac{k+1}{k+2} a_k \ \text{から} \ a_{2l+1} = \frac{2 \cdot 4 \cdots 2l}{1 \cdot 3 \cdot 5 \cdots (2l+1)}$$

を得ます．もっとも y は x の奇関数ですから，偶数次の係数が 0 なのは当然です．これによって

$$y = \frac{\arcsin x}{\sqrt{1-x^2}} = \sum_{l=0}^{\infty} \frac{2 \cdot 4 \cdots 2l}{3 \cdot 5 \cdots (2l+1)} x^{2l+1} \tag{6}$$

とベキ級数に展開できました．(6) の右辺で $l = 0$ のときの係数は 1 と解釈します．係数は $(2^l l!)^2 / (2l+1)!$ とも表されますから，$0! = 1$ とすれば自然な結果です．(6) の収束半径は，係数の比の極限をとって，期待どおり 1 です．(6) を項別積分して

$$(\arcsin x)^2 = \sum_{k=1}^{\infty} \frac{2 \cdot 4 \cdots (2k-2)}{3 \cdot 5 \cdots (2k-1)} \cdot \frac{x^{2k}}{k} \tag{7}$$

を得ます（$k = 1$ のときの係数は 1 とする）．

第3部　解析学関係

(7) はヨーロッパではオイラーが 1737 年に，本質的に上述と同様な方法で証明しました．しかしほぼ同じ頃建部賢弘の『綴術算経』(1722) にこの公式が載っており，少し後の関流の和算書『円理乾坤之巻』にほぼ完全な証明があります．これは和算の「最高峰の一つ」とされる業蹟であり，また西洋に初めて紹介された和算の成果として，歴史的に有名な結果です．

3. 関数の形を求める例

ベキ級数

$$
\begin{aligned}
y &= \sum_{k=1}^{\infty} \frac{3 \cdot 5 \cdots (2k-3)}{2 \cdot 4 \cdots (2k)} x^k \\
&= \frac{1}{2} x + \frac{1}{8} x^2 + \frac{1}{16} x^3 + \cdots
\end{aligned}
\tag{8}
$$

で表される関数の具体形を求めます．$k = 1$ のときの係数は $1/2$ と解釈されます．収束半径が 1 なので $-1 < x < 1$ とします．

$$
\begin{aligned}
y' &= \sum_{k=1}^{\infty} \frac{3 \cdot 5 \cdots (2k-3)}{2 \cdot 4 \cdots (2k-2)} \frac{x^{k-1}}{2} \\
&= \frac{1}{2} + \sum_{k=1}^{\infty} \frac{3 \cdot 5 \cdots (2k-1)}{2 \cdot 4 \cdots (2k)} \frac{x^k}{2}
\end{aligned}
$$

から，y と y' との間の関係式

$$
\begin{aligned}
y + 2y' &= 1 + \sum_{k=1}^{\infty} \frac{3 \cdot 5 \cdots (2k-3)}{2 \cdot 4 \cdots (2k-2)} \cdot \frac{1 + 2k - 1}{2k} x^k \\
&= 1 + 2xy'
\end{aligned}
$$

を得ます．ここで $y - 1 = u$ と置けば，$y' = u'$ であり，

第 24 話　微分方程式とベキ級数

$$u + 2(1-x)u' = 0, \quad u(0) = -1 \tag{9}$$

という変数分離形の微分方程式になります. $1-x > 0$, $u < 0$ に注意して (9) を初期条件の下で解くと

$$-u = \sqrt{1-x}, \quad y = 1 - \sqrt{1-x} \tag{10}$$

と表されます. 実際 (10) を二項展開すれば (8) を得ます.

　この方法の難点は簡単に解くことができる「適切な」微分方程式を中間にうまく求める工夫でしょう. 次の設問も同巧異曲ですが, うまい工夫を望みます.

　なお数学検定 1 級 (平成 23 年度秋) に同巧異曲ですが

$$y = 1 + \sum_{n=1}^{\infty} \frac{1 \cdot 3 \cdot 5 \cdots (2n-1)}{2 \cdot 4 \cdot 6 \cdots (2n)} \cdot x^n$$

が $2(1-x)y' = y$ を満たすことを示し, この微分方程式を初期値 $y(0) = 1$ の下で解いて y を定める問題が出題されています. (答は $y = 1/\sqrt{1-x}$, 収束半径は 1 で $|x| < 1$.) 成績はそう悪くなかったが, 初期条件 $y(0) = 1$ を忘れて, 積分定数を残したままの不完全な解答が目につきました.

━━━━━━━━━━━━━━ **設 問 24** ━━━━━━━━━━━━━━

　二項係数 $_nC_r = \dfrac{n!}{r!(n-r)!}$ を $\dbinom{n}{r}$ と記します.

[1]　$y = \displaystyle\sum_{k=0}^{\infty} \binom{2k}{k} x^k = 1 + 2x + 6x^2 + 20x^3 + 70x^4 + \cdots \tag{11}$

　を x に関する具体的な関数で表せ.

　　ヒント　y' と y のベキ級数を比較し, 1 階変数分離形の微分方程式を作り, 初期条件 $y(0) = 1$ の下で解く.

163

［2］ 問 [1] の結果を活用して次の和を n の式で表せ.

$$\sum_{k=0}^{n} \binom{2k}{k}\binom{2(n-k)}{n-k}$$

但し問 [1] が本命であり, それだけでも結構です.

（解説・解答は 237 ページ）

第4部

その他の話題

第25話

増山の問題

1. 増山の問題

　これは故増山元三郎先生が半世紀余り前(1961年頃)に提出した組合せ問題で，実験計画法に必要があったとのことです．関連する用語は順次説明します．

問題　n を正の整数 $(\geqq 2)$ とする．$N = \{0, 1, 2, \cdots, 3n-2\}$ の $p = 3n-1$ 個の整数をそれぞれ $n, n, n-1$ 個の部分集合 A, B, C に分割する．但しつねに $0 \in C$ とする，B から

$$B - B = \{b - b' ; b, b' \in B, b \neq b'\} \qquad (1)$$

という多重集合を作る．また A と C から

$$A - C = [a - c ; a \in A, c \in C] \qquad (2)$$

という多重集合を作る．いずれも左辺は通例の記号とは異なるが便宜上そのように表現する．減算はすべて $\bmod p$ で行い，(1)と(2)の要素はすべて $\{1, 2, \cdots, 3n-2\}$ の数とする．ここで

$$B - B = A - C \qquad (3)$$

となるような分割を求めよ．

　ここで**多重集合**とは，同一の要素が現れても1つにまとめずに，その個数だけ並べた集合を意味します．(3)は，ともに $n(n-1)$ 個ずつの要素からなる多重集合が，同じ個数ずつの $1, 2, \cdots, 3n-2$ を

第 4 部　その他の話題

それぞれ含むという意味です.

　実用上では n が偶数のときに意味があるとのことですが, 数学の問題としては n が奇数の場合も考えられます. このときは $p = 3n - 1$ が偶数であり, 奇偶性の判定が役に立つので, 組合せ問題としてはかえって易しいのかもしれません.

　実用にはほど遠いが, $n = 2, 3$ の場合は以下のように理論的な考察で容易に解が求められるので, まずその場合を扱います. $n = 3$ のときは手頃な演習課題です.

2. $n = 2$ の場合

　$B - B$ は一般的に $b - b'$, $b' - b$ という, 両者の和が p になる一対の数を含むことに注意します. このような 2 数を p に関する**補数**とよびます. この事実から $B - B$ に属する $n(n-1)$ 個の数の和は p の倍数です. これが大きな手懸りです.

　$n = 2$ のときは $C = \{0\}$ で, $A - C = A$ です. (3) が成立すれば, A の 2 数の和が $p = 5$ なので

$$A = \{1, 4\},\ B = \{2, 3\} \text{ か } A = \{2, 3\},\ B = \{1, 4\}$$

のいずれかですが, どちらも条件 (3) を満足しています.

　$n = 2$ の場合はこのようにほぼ自明です. 次に $n = 3$ の場合を考察します.

3. $n = 3$ の場合

　この場合は $p = 8$ なので奇偶性, さらに $\bmod 4$ の剰余が大きな

168

ヒントになります.

補助定理1 $C = \{0, c\}$ とすると c は偶数である.

証明 c を奇数とすると, $a \in A$ に対し $a-0$ と $a-c$ は奇偶性が異なるから $A-C$ は3個偶数, 3個奇数である. しかし $B-B$ では8に対する補数の奇偶性が同じで, 奇数・偶数はともに偶数個だから, (3) は成立し得ない. □

補助定理2 A, B はともに奇数2個, 偶数1個からなる.

証明 c が偶数で N の残りは奇数4個, 偶数2個からなる. A が3個奇数なら $A-C$ は6個全部奇数で, $B-B$ に偶数が含まれる. A が2個偶数を含めば, B はすべて奇数で $B-B$ は全部偶数になり, いずれも (3) が成立しない. □

補助定理3 $c = 4$ であり, A の3数の和 a は2の奇数倍である.

証明 A の3数を a_1, a_2, a_3; 和を $a = a_1 + a_2 + a_3$ とする. (3) が成立すれば $A-C$ の6個の数の和は $2a-3c$ でこれが8の倍数, さらに c が偶数 $2c'$ なので $2a+2c' = (2a-3c)+8c'$ が8の倍数, すなわち $a+c'$ は4の倍数である. しかし a_1, a_2, a_3 は奇数2個, 偶数1個なので a は偶数, c' も偶数となり $c = 2c' = 4$ でなければならない. そして $c' = 2$ であり, $a \equiv 2 \pmod 4$ から a は2の奇数倍である. □

系1 (3) が成立すれば, その等しい集合は $\{1, 2, 3, 5, 6, 7\}$ であり, 結果的には普通の集合になる.

169

第4部 その他の話題

証明 (3) が 4 個の奇数と 2 個の偶数からなるが，後者は 2, 6 である．奇数 $x \in (3)$ なら $x-4, 8-x \in (3)$ から，4 個の奇数は $\{1,3,5,7\}$ でなければならない． □

系2 A に含まれる 2 個の奇数は和が 4 の倍数である．

証明 a_3 を偶数とすると 2 か 6 だから，残る奇数 2 個 a_1, a_2 の和は $\equiv 2-2 = 0 \pmod 4$ である． □

これでほとんど決まりました．B には差が 4 の対が含まれないことや差の重複がないことから，結局可能なのは次の 4 組です．$C = \{0, 4\}$ と決まり，他は

$$A = \{1,2,7\}, \quad B = \{3,5,6\} \;;$$
$$A = \{3,5,6\}, \quad B = \{1,2,7\} \;;$$
$$A = \{1,6,7\}, \quad B = \{2,3,5\} \;;$$
$$A = \{2,3,5\}, \quad B = \{1,6,7\}$$

です．これらはすべて条件を満たします．

4. $n = 4$ の場合

$n = 4$ のときは $p = 11$ が素数なので，前節のような奇偶性は役に立ちません．結局可能な

$$10!/(4!\ 4!\ 2!) = 3150$$

通りの**全数検査**をする必要があります．これが半世紀前当時のコンピュータの手頃な演習課題として提出されました（本来の「増山の問題」）．今なら朝飯前ですが，当時 4 グループが独立に検証し，結局**解なし**の結論でした．ただ当時の試作的な国産機では 50 分，最大限の工夫を凝らしても 20 分かかったのに対して，気象庁

170

の IBM-704 が「調整時間」中に試みて 35 秒で結果を出したという「日米格差」に，習いたての我々は唖然としました．

　解が存在しないことを確認するには，全数検査をしなくてもかなり場合を減らすことができます．A を先に作るのは損で，まず B を作り（可能性は，${}_{10}C_4 = 210$ 通り）$B-B$ を用意します．多重集合は配列（ベクトル）の形にして，1, 2, $\cdots$, 10 の各個数を記録するのがよいでしょう．

　A, B, C それぞれに属する数の和を a, b, c とすると

$$a + b + c = 55 \equiv 0 \pmod{11} \quad から \quad a + c \equiv -b \pmod{11}$$

です．他方 $A-C$ の数の和は $3a - 4c$ と合同で，これが $p = 11$ の倍数です．これから

$$a \equiv 5c, \quad c \equiv -2b \pmod{11} \tag{4}$$

が成立します．B が定まれば b がきまるので $C = \{0, c_1, c_2\}$ としたとき，$c = c_1 + c_2$ は (4) を満たさなければなりません．理論上 B を定めた後 C は ${}_6C_2 = 15$ 通りありますが，(4) を満足する対は $b \equiv 0 \pmod{11}$ のとき 5 組，他のときは 4 組です．しかも B の要素を含む組は除外されるので，可能な C は最大 3 組，たいていは 1〜2 組に限ります．極端な場合には B の 4 要素が各組に含まれるので，そのような B は最初から除外できることもあります．

例　$B = \{1, 6, 9, 10\}$　$b \equiv 4$, $c \equiv 3 \pmod{11}$．しかし $c \equiv 3$ になる組は $\{1, 2\}$, $\{4, 10\}$, $\{5, 9\}$, $\{6, 8\}$ の 4 個だが，いずれも B の要素を含む．

　この考察により，調べるべき場合は 1 桁ほど減ります．さらに多重集合を比較しなくても，$A-C$ の列が中央について対称でなかったり，1〜5 の個数が 6 個でなかったりすれば $B-B$ と合いません．こうした必要条件を満足しない組は速やかに除去できますから，これらの予選を通過した組が現れたとき $B-B$ を計算して比較して

第4部　その他の話題

も間に合うでしょう．こうした工夫により，解なしの確認はかなり
少数の検査で済ませることができそうです．

5.　$n \geqq 5$ の場合の注意

　これはつけたしですが一言します．1980年に当時私が勤務してい
た京都大学数理解析研究所の計算機が更新されたときに，この問
題を試みたことがありました．素朴なプログラムでしたが，$n = 4$
のとき解がないことは数秒で確かめられました．ひき続き $n = 5$
のときは1分半位，$n = 6$ のときは20分位でいずれも**解がない**こ
とがわかりました．$n = 7$ の場合は一度にできなかったので，途中
で打ち切って，次はそこから再開できるようにプログラムを書き換
え，何回かに分けて調べました．結局総計100分ほどの計算で解が
ないことが確かめられました．どうも $n \geqq 4$ のときはまったく解が
ないらしいので，実験計画法に活用することはできなかったようで
す．

　後に $n = 5$ のときは，奇偶性のほか $p = 14$ に対する mod 7 と
mod 5 の考察で，解が存在しないことを曲がりなりにも理論的に証
明できました（但し未発表）．しかし n が偶数のときは同様にはゆき
ませんでした．

　今では忘れられた小問題ですが，コンピュータの進歩を懐古する
一例かもしれません．

　なお，下記の問題の[2]で，通常の集合としては一致し，しかも
それが $\{1, 2, \cdots, 10\}$ に等しい場合は意外と多数あります．コンピ
ュータによらなくても，根気よく試行錯誤すれば，そのうちのいく
つかがみつかります．

172

第 25 話　増山の問題

6. 設問

　設問は以下のように多少あいまいです．open end で「正答」はありません．また数学よりもコンピュータ向きですが，部分的な解でも応募して下されば幸いです．

━━━━━━━━━━ **設問 25** ━━━━━━━━━━

[1] 増山の問題の $n = 4$ の場合に解がないことを「理論的に」証明すること，あるいはごく少数の検査だけで判定することができないだろうか？

[2] もし全数検査をするなら「ニアミス」すなわち式 (3) の両辺が完全に一致はしないが，その差が 1 個か 2 個という組，あるいは同一の要素をまとめた通常の集合としては一致する組をみつけてほしい．

（解説・解答は 239 ページ）

■ 第26話 ■

カークマンの女生徒問題

1. 標題の問題について

　これは組合せ構成の有名な古典的問題です．カークマン（T. P. Kirkman）が 1850 年に提出し，ケイリー（A. Cayley）が同年に最初に解答したというのが定説ですが，詳しく調べると，案外複雑な歴史があるようです．

> **問題 1**　当時の英国で普遍的だった全寮制の女学校で，ある寄宿舎に 15 人のお嬢様方が生活している．毎日 3 人ずつ 5 組のグループに分れて共同作業をする．そのとき一週間のあいだ毎日組合せを変えて，誰も他の 14 人の誰ともちょうど一度ずつ同じグループに所属するようにせよ．

　但しこの文章は原文の忠実な訳ではなく，数学的内容はもとのままですが，私の脚色が入っています．これが本質的に本話の設問ですが，試行錯誤ではなく多少理論的な考察を述べた後，最後に設問として提出します．

2. 7 人の夜警問題

　この種のいわゆる「不完備つり合い型配置」を作成する課題で最

も基本的な例が，次の7人の夜警（あるいは7人の侍）の問題です．

問題2 ある警備会社に7人の夜警が勤務している．毎夜そのうち3人ずつが勤務につく．1週間のうち各自3夜ずつの勤務だが，その組合せをうまく作って，誰しも他の6人の誰ともちょうど一度ずつ同じ夜に勤務するようにせよ．

この問題は夜警を**点**で表し，同じ夜に勤務する3人を3点を通る**(直)線**とすると，次のような「有限幾何学」の構成問題に帰着します．ここで1°－1′°，2°－2′°が互いに「双対的」な条件になっています．

 1° どの線上にも3点ずつ存在する．
 1′° どの点も3線ずつの上にある．
 2° どの2点の組に対しても両者を含む線がただ一つ存在する．
 2′° どの2線の組に対しても両者に共通に含まれる点がただ一つ存在する．

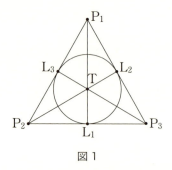

図1

このような図形は**ファノ**（Fano）**平面**とよばれ，通例図1のような「点と線」で表現されます．代数幾何におなじみの方は，これは「標数2の有限素体 GF(2) 上の射影平面」と理解下さると思います．それが「7人の夜警問題」の解を与えています．

なお上記の配置の補集合，すなわち上述で勤務から外された4人

ずつの組をとると，各自が4夜ずつ勤務し，どの2人の対も2回ずつ同じ夜に勤務するような組合せになります．

3. ファノ平面の解釈

図1は，ファノ平面の自然な表現ですが，女生徒問題への発展を考えてもう少し検討します．

7個の「点」のうち頂点に対応するものを P_1, P_2, P_3；それらの対辺の中点を L_1, L_2, L_3；三角形の重心を T とすると，「線」は次の3種に分類されます．

第1種 相異なる2頂点 P_i, P_j $(i \neq j)$ とそれらを結ぶ辺の中点 L_k の集合．ここに $\{i, j, k\}$ は相異なる $\{1, 2, 3\}$ を表す．計3本

第2種 3中点の集合 $\{L_1, L_2, L_3\}$ 　1本．

第3種 三角形の中線上の点 $\{P_i, T, L_i\}$ $(i = 1, 2, 3)$ 　計3本．

ここで第2種の「線」は見掛け上曲がった線で表されます（図1）．これをも本当の直線で表すことは不可能です．書き方が悪いのではなく，本質的に不可能なことが（証明自体は大変ですが），順序の公理を活用して証明できます．

カークマンの女生徒問題では15個の「点」とその3つ組の計35個の「線」が必要なので，この3次元版（図2）を考えます．

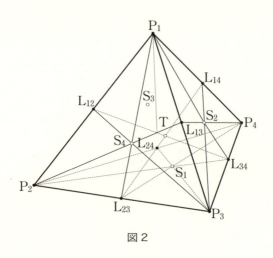

図 2

4. 3次元模型 ——女生徒問題への拡張

3次元空間内の四面体を考え，次の 15 個の「点」を考えます（四面体モデル；但し繁雑なので図 2 では一部を省略した）．

（ⅰ）頂点 4 個 P_i （$i = 1, 2, 3, 4$）

（ⅱ）辺の中点 6 個： P_i, P_j （$i \neq j$）を結ぶ辺の中点 L_{ij}

（ⅲ）面の重心 4 個： P_i の対面の重心 S_i 　　（$i = 1, 2, 3, 4$）

（ⅳ）四面体全体の重心 1 個　 T

次に「線」を以下のような「点」の 3 つ組とします．ここでは記述の便宜上，いちいち断らないが，i, j は相異なる番号；$\{i, j, k\}$ は互いに異なる 3 個の番号；$\{i, j, k, l\}$ は互いに異なる 4 個，すなわち $\{1, 2, 3, 4\}$ の置換とします．

第 1 類　各辺の中点 L_{ij} と両端の頂点 P_i, P_j　　計 6 本

第 2 類　各面の周をなす 3 辺の中点 $\{L_{ij}, L_{ik}, L_{jk}\}$　　計 4 本

第3類　2面の重心 S_i, S_j と両面の共有辺に相対する辺の中点 L_{ij}　計6本

第4類　各面上の中線上の3点 $\{P_i, S_j, L_{kl}\}$　計12本

第5類　相対する辺の中点を結ぶ線上の3点 $\{L_{ij}, L_{kl}, T\}$　計3本

第6類　四面体の頂点と対面の重心を結ぶ線上の3点 $\{P_i, S_i, T\}$　計4本.

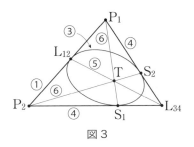

図 3

　このうち第1, 4, 5, 6類は直線として表現できます．第2類はファノ平面の場合（図1）でも見た「曲がった線」です．最もわかりにくいのが第3類でしょう．これは一辺とその対辺の中点を含む平面で切った断面図を考えると納得できます．図3はその一例で，辺に添えた○で囲んだ数字がその線の類を表します．これはファノ平面（図1）と同型で，その中の「曲った線」が第3類の「線」です．

　これは GF(2) 上の3次元射影空間を表現しています．当面の課題では必要ありませんが，その「面」は15枚あり，すべてファノ平面と同型で，それぞれ7個ずつの「点と線」を含みます．そのうち10枚は四面体の本来の4面と図3のような6断面です．残りのうち1個は第5類の「線」3本のなす「面」，他の4個は各頂点 P_i を中心として，そこから出る3中線（第4類）$\{P_i, S_j, L_{kl}\}$ 3本のなす「面」です．いずれもうまく平面上に展開して整形すると，図1と同じ形に変形できます．

5. 設問

　以上で準備はととのいましたが，冒頭の問題の解にはまだ不十分です．図2の計35本の「線」を5本ずつの7組に分割し，各組の線上の $3 \times 5 = 15$ 個の「点」がいずれも最初の15個の「点」をちょうど1個ずつ含むようにしなければなりません．それは試行錯誤でもできますが，上のような考察により，「線」の類をうまく組み合わせると簡単な規則で可能です．類の番号はいささか恣意的でしたが，この考え方に好都合なように工夫したつもりです．

━━━━━━━━━ **設問 26** ━━━━━━━━━

上述の35個の「線」を5個ずつの7組に分け，各組の5個の「線」に含まれる合計 $3 \times 5 = 15$ 個の「点」がそれぞれ当初の「点」全体と一致するようにまとめよ．——それがカークマンの女生徒問題の解である．

　　注意　上述の第1, 3, 5類と第2, 4, 6類を併せてそれぞれうまく組み合せると，それらが3日分と4日分のグループ分けになります．答えだけでなくそのためのなるべく簡潔な「規則」をも示して下さい．解は一意的ではなく，互いに「同型」でない「右手系」と「左手系」が生じますが，一方の解だけで十分です．

（解説・解答は 241 ページ）

参考文献

正田建次郎, かーくまんノ女生徒問題, 岩波講座数学, 1933；
正田建次郎先生, エッセイと思い出, 同出版編纂委員会編, 1978 年に再録.

第27話

弱者の勝つ確率

1. 発端

前2話で組合せ問題を扱いましたが，確率を扱いませんでした．
ここの話の出発点は，数学検定にも類題が出題されていますが，次
の標準的な問題です．

> A，B 2人で5回ゲームをする．Aの勝つ確率は p（Bの勝つ
> 確率は $q = 1-p$；$p = 1/2$ とは限らない）で一定とし，引き分け
> はないとする．先に3回勝ったほうが優勝である．Aが勝つ確率，
> ならびに3勝 m 敗 $(m = 0, 1, 2)$ で優勝する確率 P_m を求めよ．

これは易しい問題です．まず $P_0 = p^3$ です．次に P_1 は，3回戦
までに2勝1敗して，4回戦で勝つ確率ですから

$$P_1 = \binom{3}{1} p^2(1-p)p = 3p^3(1-p),$$

$$\binom{n}{r} \text{ は二項係数 } \frac{n!}{r!(n-r)!} = {}_nC_r \tag{1}$$

です．P_2 は4回戦までに2勝2敗で最終戦に勝つ場合ですから

$$P_2 = \binom{4}{2} p^2(1-p)^2 p = 6p^3(1-p)^2 \tag{2}$$

となります．以上を合計すると A が優勝する確率は

$$P = p^3 + 3p^3(1-p) + 6p^3(1-p)^2$$
$$= 10p^3 - 15p^4 + 6p^5 \tag{3}$$

となります．これを p の関数としてグラフに描くと，図1のようになります．縦横の寸法は都合により 1:2 としました．$p=1/2$ のとき値は $1/2$ (当然)で，全体として $(1/2, 1/2)$ に対して点対称です．$p<1/2$ でも優勝できる確率は必ずしも小さくありませんが，p が 0 に近いと急激に 0 に近づきます(当然？)．

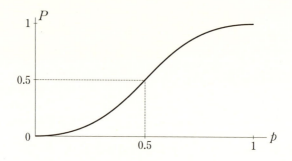

次にこれを $(2k+1)$ 回戦に拡張します．

2. 一般の場合

一般に前述と同じ条件で $(2k+1)$ 回対戦し，先に $(k+1)$ 勝したほうが優勝とします．A が $(k+1)$ 勝 m 敗 $(m=0,1,\cdots,k)$ で優勝する確率 P_m を計算します．上述と同様に $(k+1)$ 勝 m 敗というのは，$(k+m)$ 回戦までに k 勝 m 敗で，次の対戦で勝つという場合ですから

$$P_m = \binom{k+m}{m} p^{k+1}(1-p)^m \tag{4}$$

となります，A が優勝する確率 P は，(4) を $m = 0, 1, \cdots, k$ について足した値です．

ところでここに奇妙（？）な等式があります．$p = 1/2$ として最終戦までもつれこんで $(k+1)$ 勝 k 敗で優勝する確率は

$$P_k = \binom{2k}{k}\left(\frac{1}{2}\right)^{2k+1} = \frac{(2k)!}{2^{2k+1}\,k!\,k!} \tag{5}$$

です．他方 $(k+1)$ 勝 $(k-1)$ 敗で優勝する確率は

$$P_{k-1} = \binom{2k-1}{k-1} 2^{2k} = \frac{(2k-1)!}{2^{2k}\,k!\,(k-1)!} \tag{6}$$

ですが，(5) の $(2k)!/k!$ を分母子 k で割ると $2(2k-1)!/(k-1)!$ となって (5) = (6) です．つまり $P_k = P_{k-1}$ になります．

冒頭の $k = 2$ のとき，3 勝 2 敗と 3 勝 1 敗の確率は，式 (2) と (3) で $p = 1/2$ とおくと，ともに 3/16 となって等しくなります．このことは昔からよく知られている事実のようですが，改めて計算してみると意外と感じる方が多いかもしれません．

実は少し前に小学校の折りの同級生の方からこの点について質問があり，計算してみたことがあります．案外「直感」と違う結論の一例かもしれません．

なお (5) = (6) の式の値は

$$\frac{1\cdot3\cdot5\cdots(2k-1)}{2\cdot4\cdot6\cdots(2k)} \times \frac{1}{2} \tag{5'}$$

とも表されます．第 21 話で言及したウォリスの公式によれば，(5') は，k が十分大きいときにはほぼ $1/2(\sqrt{\pi k})$ 程度で，意外と大きな値です．

3. 派生した問題

標題とは反しますが，A のほうが強く（$p > 1/2$），$k = 2$（5回戦）のとき3勝0敗と3勝1敗で優勝する確率が等しいのは p がどういうときでしょうか．$P_0 = P_1$ からそれは

$$p^3 = 3p^3(1-p) \Rightarrow 1 = 3(1-p) \Rightarrow p = 2/3$$

のときです．確率は $P_0 = P_1 = 8/27$ で $P_0 + P_1 > 1/2$ です．もっとも強いほうがあっさり勝つのは当然でしょう．

7回戦（$k = 3$）のときに同様の問題を考えますと，

$$P_0 = P_1 : p^4 = 4p^4(1-p) \Rightarrow p = 3/4$$
$$P_1 = P_2 : 4p^4(1-p) = 10p^4(1-p)^2 \Rightarrow p = 3/5$$

となります（$P_2 = P_3$ は $p = 1/2$ のとき）．

p が大きいほど最大の確率を与える m が小さくなるのは自然です．このあたりから二項分布などへの発展がありますが，ここではそれに触れないでおきます．

$p = q = 1/2$ のとき優勝がきまるまでの対戦回数の期待値も興味ある課題です．5回戦（$k = 2$）のとき，3, 4, 5回で終る確率がそれぞれ $1/4$, $3/8$, $3/8$ なので，期待値は

$$3 \times \frac{1}{4} + 4 \times \frac{3}{8} + 5 \times \frac{3}{8} = \frac{33}{8} \quad (4回強)$$

です．7回戦のときは4〜7回で終る確率がそれぞれ $1/8$, $1/4$, $5/16$, $5/16$ なので，期待値は

$$4 \times \frac{1}{8} + 5 \times \frac{1}{4} + 6 \times \frac{5}{16} + 7 \times \frac{5}{16} = \frac{93}{16} \quad (6回弱)$$

です．実際の碁や将棋のタイトル戦やプロ野球の日本シリーズなどでどうでしょうか？ 調べてみるとおもしろいかもしれません．

第 27 話　弱者の勝つ確率

4.　設問

今話の課題は結果的にはほぼ自明な事実の証明です.

━━━━━━━━━━━━━ **設 問 27** ━━━━━━━━━━━━━

A, B 2 人が奇数 $(2k+1)$ 回ゲームを行う. A, B の勝つ確率は一定でそれぞれ p, q $(p+q=1)$ であり, 引き分けは生じないとする. A, B がそれぞれ先に $(k+1)$ 回勝って優勝する確率は, 公式 (4) の和である. それら全体の和は当然

$$\sum_{m=0}^{k} \binom{k+m}{m}(p^{k+1}q^{m}+p^{m}q^{k+1}) = 1 \tag{7}$$

のはずだが, 等式 (7) を代数的に (計算によって) 証明せよ.

━━━━━━━━━━━━━━━━━━━━━━━━━━━━━━━━━━━━

（解説・解答は 243 ページ）

設問の解答・解説

設問1

対称式 σ_4（[1]）と 3 変数の基本交代式 Δ の 2 乗 Δ^2（[2]）を基本対称式で表す問題でした.

[1]　$\sigma_4 = x_1^4 + \cdots + x_n^4$ は σ_2 の式を 2 乗しても計算できますが，ニュートンの公式によると，$j=4$ として

$$\sigma_4 = s_1\sigma_3 - s_2\sigma_2 + s_3\sigma_1 - s_4\sigma_0 + (n-4)s_4$$

です．σ_2, σ_3（本文の公式(6)）を代入すると

$$\sigma_4 = s_1(s_1^3 - 3s_1s_2 + 3s_3) - s_2(s_1^2 - 2s_2) + s_3s_1 - 4s_4$$
$$= s_1^4 - 4s_1^2 s_2 + 2s_2^2 + 4s_1 s_3 - 4s_4 \tag{1}$$

となります．これが所要の公式です．　　　　□

[2]　Δ^2 を直接展開して計算するのは可能だが大変です．Δ がヴァンデルモンドの行列式で表されることから，その転置行列と掛けて，行列式

$$\Delta^2 = \begin{vmatrix} \sigma_0 & \sigma_1 & \sigma_2 \\ \sigma_1 & \sigma_2 & \sigma_3 \\ \sigma_2 & \sigma_3 & \sigma_4 \end{vmatrix} = \begin{vmatrix} 3 & s_1 & s_1^2 - 2s_2 \\ s_1 & s_1^2 - 2s_2 & s_1^3 - 3s_1s_2 + 3s_3 \\ s_1^2 - 2s_2 & s_1^3 - 3s_1 s_3 + 3s_2 & s_1^4 - 4s_1^2 s_2 + 2s_2^2 + 4s_1s_3 \end{vmatrix} \tag{2}$$

の形で計算するのがよいと思います．σ_4 には $s_4 = 0$ として(1)を活用しました.

(2) の計算も第 3 行 $-s_1 \times$ 第 2 行，第 2 行 $-s_1 \times$ 第 1 行，第 3 列 $-s_1 \times$ 第 2 列という操作をして

$$\begin{vmatrix} 3 & s_1 & -2s_2 \\ -2s_1 & -2s_2 & s_1 s_2 + 3s_3 \\ -2s_2 & -s_1 s_2 + 3s_3 & 2(s_2^2 - s_1 s_3) \end{vmatrix}$$

と変形してから展開するのがよいでしょう．結果は

$$\Delta^2 = -4s_1^3 s_3 + s_1^2 s_2^2 + 18 s_1 s_2 s_3 - 4s_2^3 - 27 s_3^2 \tag{3}$$

で，これは 3 次方程式 $t^3 - s_1 t^2 + s_2 t - s_3 = 0$ の判別式です.

設問の解答・解説

なお[2]は次の話で扱う巡回関数により

$$U = x + \omega y + \omega^2 z, \quad V = x + \omega^2 y + \omega z,$$
$$\omega = (-1 + \sqrt{3}\,i)/2$$

とおくとき，等式(第2話の補助定理4)

$$UV = s_1^2 - 3s_2, \quad U^3 + V^3 = 2s_1^3 - 9s_1 s_2 + 27 s_3,$$
$$\Delta = (U^3 - V^3)/(-3\sqrt{3}\,i),$$
$$(U^3 - V^3)^2 = (U^3 + V^3)^2 - 4(UV)^3$$

が成立し，これらを利用して計算することもできます．

━━━━━━━━━━ 設問2 ━━━━━━━━━━

3変数関数の基本的基底 1, $U = x + \omega y + \omega^2 z$, $V = x + \omega^2 y + \omega z$, $U^2, V^2, \Delta = (x-y)(y-z)(z-x) = (U^3 - V^3)i/3\sqrt{3}$; $\omega = (-1 + \sqrt{3}\,i)/2$ の相互の積が，これらの基底に対称式を掛けた形の和として表されることの確認が課題でした．

全部で21通りの組合せがあり，1との積は自明，$UV = T_2$（と置く），$U^2 V^2$ と Δ^2 は対称式ですし，$U \cdot U$, $V \cdot V$ はそれ自身基底です．便宜上 $U^3 + V^3 = T_3$（対称式），$U^3 - V^3 = k\Delta$ $(k = -3\sqrt{3}\,i)$ と置きます．残る10通りのうち6通りは次のように表されます．

$$U \cdot V^2 = T_2 \cdot V, \quad U^2 \cdot V = T_2 \cdot U,$$
$$U \cdot U^2 = \frac{1}{2} T_3 + \frac{k}{2} \Delta, \quad V \cdot V^2 = \frac{1}{2} T_3 - \frac{k}{2} \Delta,$$
$$U^2 \cdot U^2 = T_3 U - T_2 V^2, \quad V^2 \cdot V^2 = T_3 V - T_2 U^2.$$

あと Δ と U, V との積を調べれば十分です．

$$U^5 = T_3 U^2 - T_2^2 V, \quad V^5 = T_3 V^2 - T_2^2 U$$

に注意すると，上記の U^4, V^4 の表現と併せて

189

$$U \cdot \Delta = (U^4 - (UV)V^2)/k = (T_3 \cdot U - 2T_2V^2)/k$$
$$V \cdot \Delta = (V^4 - (UV)U^2)/k = (T_3 \cdot V - 2T_2U^2)/k$$
$$U^2 \cdot \Delta = (U^5 - (UV)^2V)/k = (T_3 \cdot U^2 - 2T_2^2V)/k$$
$$V^2 \cdot \Delta = (V^5 - (UV)^2U)/k = (T_3 \cdot V^2 - 2T_2^2U)/k$$

と表すことができます．以上ですべての積が所要の形に表現されることが確かめられました．いろいろ細かい計算をした方がありましたが，本質的には以上で尽きます．

　本文で「シュヴァレー分割」の説明が不十分でしたので補充します．n 変数関数のシュヴァレー分割の基底は**強調和**あるいは**ワイル (Weyl) 調和関数**とよばれる関数です．その意味は n 変数の対称的な偏微分作用素 D すべてについて $D\varphi = 0$ となる関数 φ です．それらは各変数 $x_1, \cdots, x_n$ に対して $x_i^k\ (0 \le k \le n-1)$ の項の積を加えた多項式であり，$n!$ 個の独立な基底の一次結合として表されます．

　$n = 3$ のときには，1 次同次式の強調和関数は巡回関数と一致します．2 次同次式 $ax^2 + by^2 + cz^2 + 2dyz + 2gzx + 2hxy$ では，条件は $a+b+c=0,\ a=d,\ b=g,\ c=h$ であり，前の記号で U^2 と V^2 との一次結合で表されます．3 次同次式では基本交代式 Δ の定数倍に限ります．定数 1 を合わせて以上 6 個がその基底の具体例ですが，それらは本文で挙げた 1, U, V, U^2, V^2, Δ と実質的に同じです．

　$n = 4$ のとき $4! = 24$ 個の基底を具体的に示した論文もありますが，繁雑すぎて実用にはなりにくいようです．

設問の解答・解説

━━━━━━━━ **設 問 3** ━━━━━━━━

$f_0 = 1,\ f_1 = z,\ f_2 = z^2 - \bar{z}$ ($\bar{z}$ は z の共役複素数),

$$f_n = zf_{n-1} - \bar{z}f_{n-2} + f_{n-3}, \quad (n \geq 3)$$

の漸化式で定義される多項式列において

$$f_5 = z^5 - 4z^3\bar{z} + 3z\bar{z}^2 + 3z^2 - 2\bar{z} = 0 \tag{1}$$

を解く問題でした.

$z = 0$ が 1 つの解, 他に準実数解 4 組と本虚数解 2 組があります. そのうち 1 組ずつは $f_4 = 0$ との共通解で, 本文で論じたとおり, $\{2,\ 2\omega,\ 2\omega^2\}$ と $|z| = 1$ 上の $e^{i\theta}$, $\theta = \pm\pi/9,\ \pm 5\pi/9,\ \pm 7\pi/9$ です.

$z \neq 0$ の実数解は

$$z^4 - 4z^3 + 3z^2 + 3z - 2 = (z-2)(z^3 - 2z^2 - z + 1) = 0 \tag{2}$$

の解で, 2 は上述の準実数解です. 後者は直接には解けません. コンピュータで計算すると, およそ

$$-0.8019377,\ 2.2463796,\ 0.5549581 \tag{3}$$

を得て, それから 3 組の準実数解が出ます. これで正しいのですが, (3) には「意味づけ」ができます. たびたび名解をお寄せ下さった T 氏が詳しく解析していました.

単位円に内接する正 7 角形の頂点の一つを 1 にとると, 他は複素数平面上で

$$x^6 + x^5 + x^4 + x^3 + x^2 + x + 1 = 0 \tag{4}$$

の解です. $x + 1/x = t$ と置き換えると (4) は

$$t^3 + t^2 - 2t - 1 = 0 \tag{5}$$

に帰しますが, これは (2) の後の項について $z = -1/t$ と変換した方程式です. (4) との関係で (5) の解は

$$t = 2\cos(2\pi/7),\ 2\cos(4\pi/7),\ 2\cos(6\pi/7)$$

と表され, それらに対応する z は

$$z = -1/2\cos(2\pi/7),\ -1/2\cos(4\pi/7),\ -1/2\cos(6\pi/7) \tag{6}$$

191

です．(3) の数値はこの順に (6) と対応します．(6) とそれらに ω, ω^2 を掛けた 9 個が 3 組の準実数解です．

正 7 角形の作図が 3 次方程式 (5) に帰すこと，したがって定規とコンパスだけでは作図でき（そうも）ないことは，既にアルキメデスが注意しています．彼自身は 2 次曲線の交点による作図を工夫しています．

$f_5 = 0$ の残る解は $f_6 = 0$ との共通解であり，漸化式から $\bar{z} f_4 = f_3$ の解のはずです．それは整理して

$$z^3(|z|^2 - 1) - (|z|^2 - 1)(3|z|^2 - 1) + \bar{z}^3 = 0 \tag{7}$$

になります．ここで $|z|^2 - 1 = 0$ とすると $\bar{z}^3 = 0$ となって矛盾するので，$|z|^2 - 1 \neq 0$ です．これを割ると

$$z^3 + \frac{\bar{z}^3}{|z|^2 - 1} = 3|z|^2 - 1 \ (\text{実数}) \tag{8}$$

です．(8) の共役複素数の式も成立し，両者を加えて

$$(z^3 + \bar{z}^3)\left(1 + \frac{1}{|z|^2 - 1}\right) = 2(3|z|^2 - 1) \tag{8'}$$

となり，(8') の両辺は実数です．これから

$$2\operatorname{Re} z^3 = z^3 + \bar{z}^3 = \frac{2(|z|^2 - 1)(3|z|^2 - 1)}{|z|^2 - 1 + 1}$$

$$= 6|z|^2 + 2/|z|^2 - 8.$$

です．他方共役複素数との差をとれば

$$2i \operatorname{Im} z^3 = (z^3 - \bar{z}^3) \ \text{と} \ \left(1 - \frac{1}{|z|^2 - 1} = \frac{|z|^2 - 2}{|z|^2 - 1}\right) \ \text{との積} = 0$$

ですが，$z^3 \neq$ 実数なので，$|z|^2 - 2 = 0$，これから

$$\operatorname{Re} z^3 = 3|z|^2 + 1/|z|^2 - 4 = 5/2, \quad |z|^3 = 2\sqrt{2} \tag{9}$$

です．つまり $z^3 = (5 + \sqrt{7}\,i)/2$，$z$ の一つは $(-1 - \sqrt{7}\,i)/2$ と採れます（I 氏の計算）．$z = \sqrt{2}\,e^{i\theta}$ とおくと $\cos 3\theta = 5\sqrt{2}\,/8$ になり，コンピュータで計算した θ の最小の正の値 θ_0 は

$$\theta_0 = 0.1622316 \ \text{ラジアン} \ (= 9.295188 \ \text{度})$$

です．所要の**本虚数解**の組は

192

設問の解答・解説

$$z = \sqrt{2} \cdot e^{i\theta}, \ \theta = \pm\theta_0, \ \pm\theta_0 + 2\pi/3, \ \pm\theta_0 + 4\pi/3$$

$\theta_0 + 4\pi/3$ に対するのが前出の $z = -(1+\sqrt{7}\,i)/2$　　　　(10)

となります．(6) に対する準実数解 9 個と (10) の 6 個の本虚数解の合計 15 個が，所要の $f_5 = 0$ と $f_6 = 0$ との共通解です．

以上は漸化式を活用しましたが，$f_5 = 0$ から直接に計算することも可能です．ただしこれはかなり大変です．それを試みた方もありましたが，$f_4 = 0$ との共通解を得た所で終っていました．

かなりの難問だったが，敢えて挑戦してうまく解いた応募者の方々に感謝します．

付記　$f_n(z) = 0$ と $f_{n+1}(z) = 0$ との**共通解**計 $n(n+1)/2$ 個の内訳けは次の通りです．まず $c_n = 3 - n(n+1) \pmod 3$ すなわち $n \equiv 1 \pmod 3$ のときだけ 1，他は 0 とおきます．これは解に $z = 0$ が含まれるか否かの判定です．それから $a_n = \lfloor (n+1)/2 \rfloor - c_n$ ($\lfloor\ \rfloor$ は小数部切り捨て)，$b_n = \dfrac{1}{6}\left(\dfrac{1}{2}n(n+1) - 3a_n - c_n\right)$ (必ず整数) とおきます．このとき共通解は，a_n 組の準実数解 (計 $3a_n$ 個) と b_n 組の本虚数解 (計 $6b_n$ 個)，およびもし $c_n = 1$ なら $z = 0$ ($c_n = 0$ なら無し) を合わせた全体からなります．

━━━━━ **設 問 4** ━━━━━

4 次方程式

$$16x^4 + 8x^3 - 16x^2 - 8x + 1 = 0 \tag{1}$$

を解く標準的な問題でした．

初めに少し導入のような話を述べます．

(1) の定数項が 0 ならば解は大きい方から順に 1, 0, $-1/2$, -1 だから，おのおのの近くに実数解があると予想されます．実際コン

193

ピュータで数値的に解くと次のようになりました.

0.9721476	$\cos 12°$
0.1045246	$\cos 84°$
-0.6691306	$\cos 132° = -\cos 48°$
-0.9135454	$\cos 156° = -\cos 24°$

いずれも右側に記した余弦の値と末位まで合いました. 実は右側の余弦の値が正しい4個の解なのです. 実際にこういう「検算」をした方もありました.

定跡どおりフェラーリの解法を適用すると, 3次分解方程式は次の通りです.

$$\begin{vmatrix} 16 & 4 & \lambda \\ 4 & -16-2\lambda & -4 \\ \lambda & -4 & 1 \end{vmatrix} = 0$$

この行列式を展開して2で割ると

$$\lambda^2(\lambda+8) - 16\lambda - 16(\lambda+8) - 128 - 8 = 0$$
$$\Rightarrow \lambda^3 + 8\lambda^2 - 32\lambda - 264 = 0 \tag{2}$$

となります. (2)の一つの解として $\lambda = -6$ を見つけると

$$(\lambda+6)(\lambda^2+2\lambda-44) = 0$$

と因数分解され, (2) の解は $\lambda = -6,\ -1\pm 3\sqrt{5}$ です. $\lambda = -6$ を採用して, (1)の左辺を因数分解します.

$$(16x^4 + 8x^3 - 4x^2) - 12x^2 - 8x + 1$$
$$= (4x^2 + 2\tau x)(4x^2 - 2\tau^{-1}x) - 12x^2 - 8x + 1 \tag{3}$$

ここに τ は黄金比

$$\tau = \frac{\sqrt{5}+1}{2},\ \tau^{-1} = \frac{\sqrt{5}-1}{2},$$
$$\tau - \tau^{-1} = 1,\ \tau^2 + \tau^{-2} = 3$$

です. $(3) = (4x^2 + 2\tau x - \alpha)(4x^2 - 2\tau^{-1}x - \beta)$ とすると

$$4(\alpha+\beta) = 12,\ 2(\tau\beta - \tau^{-1}\alpha) = 8$$

から, α, β の連立1次方程式を解いて

右上に「設問の解答・解説」

$$(\tau + \tau^{-1})\beta = 4 + 3\tau^{-1} = 1 + 3\tau = 1 + (\tau^2 + \tau^{-2})\tau$$
$$= 1 + \tau^{-1} + \tau^3 = \tau^3 + \tau$$
$$\Rightarrow \quad \beta = \frac{\tau(\tau^2 + 1)}{\tau^{-1}(\tau^2 + 1)} = \tau^2, \quad \alpha = \tau^{-2}$$

となり，(3)は最終的に次のように因数分解できます．

$$(4x^2 + 2\tau x - \tau^{-2})(4x^2 - 2\tau^{-1}x - \tau^2) = 0 \tag{4}$$

ここで黄金比 τ に関する諸公式を活用しましたが，もちろん正直に $\sqrt{5}$ を含む無理数の計算を正しく実行して，(4)に到達するのは難しくありません．

(4)は2個の2次方程式に分解されます．その一方の

$$4x^2 + 2\tau x - \tau^{-2} = 0 \tag{4'}$$

の解は

$$x = \frac{1}{4}\left(-\tau \pm \sqrt{\tau^2 + 4\tau^{-2}}\right)$$

です．この根号内は次のように変形されます．

$$\tau^2 + 4\tau^{-2} = \tau^2 + \tau^{-2} + 3\tau^{-2} = 3(1 + \tau^{-2})$$
$$= 3\left(1 + \frac{3 - \sqrt{5}}{2}\right) = 3 \times \frac{5 - \sqrt{5}}{2} = \frac{3}{4}(10 - 2\sqrt{5})$$

したがって(4')の解は

$$x = -\frac{\sqrt{5} + 1}{8} \pm \frac{\sqrt{3}\sqrt{10 - 2\sqrt{5}}}{8} \tag{5}$$

と表されます．同様に $4x^2 - 2\tau^{-1}x - \tau^2 = 0$ の解は

$$x = \frac{\sqrt{5} - 1}{8} \pm \frac{\sqrt{3}\sqrt{10 + 2\sqrt{5}}}{8} \tag{5'}$$

と計算できます．これらの数値が冒頭の4個になることは，電卓を使って容易に確かめられます．

一歩進んで(5),(5')を三角比で表すことを考えます．

$$(5) = -\frac{1}{2} \cdot \frac{\sqrt{5} + 1}{4} \pm \frac{\sqrt{3}}{2} \cdot \frac{\sqrt{10 - 2\sqrt{5}}}{4}$$
$$= \cos 120° \cdot \cos 36° \pm \sin 120° \cdot \sin 36°$$

と変形すると，これは

195

$$(5) = \cos(120° \mp 36°) = \cos 84° \text{ と } \cos 156°$$

となります．同様に(5')は

$$(5') = \frac{1}{2} \cdot \frac{\sqrt{5}-1}{4} \pm \frac{\sqrt{3}}{2} \cdot \frac{\sqrt{10+2\sqrt{5}}}{4}$$

$$= \cos 60° \cdot \cos 72° \pm \sin 60° \cdot \sin 72°$$

$$= \cos(72° \mp 60°) = \cos 12° \text{ と } \cos 132°$$

となります．逆に $\cos 12°$, $\cos 84°$, $\cos 132°$, $\cos 156°$ がもとの4次方程式の解であることは，直接に解と係数の関係を確かめることによって検証できます．3次分解方程式の解 $\lambda = -6$ は，本文で述べたとおり

$$(16/2)(\cos 12° \cdot \cos 132° + \cos 84° \cdot \cos 156°) = -6$$

であることも計算できます．

　ラグランジュの解法に従うなら，$\lambda = -6$ に対して

$$x_1 x_2 + x_3 x_4 = -6 \times 2/16 = -3/4,$$

$$x_1 x_2 x_3 x_4 = 1/16$$

から，まず

$$x_1 x_2,\ x_3 x_4 = -\frac{3}{8} \pm \sqrt{\frac{9}{64} - \frac{1}{16}}$$

$$= \frac{-1}{8}(3 \pm \sqrt{5}) = \frac{-\tau^2}{4},\ \frac{-\tau^{-2}}{4}$$

を求めます．次に $\alpha = x_1 + x_2$, $\beta = x_3 + x_4$ を

$$\alpha + \beta = -1/2,$$

$$\tau^{-2}\alpha + \tau^2\beta = (8/16) \times (-4) = -2$$

から解くと，$\alpha = \tau^{-1}/2$, $\beta = -\tau/2$ を得ます．検算

$$\alpha\beta = -1/4 = -16/16 - (-3/4)$$

もできます．結局2個の2次方程式

$$4x^2 - 2\tau^{-1}x - \tau^2 = 0,$$

$$4x^2 + 2\tau x - \tau^{-2} = 0$$

を解くことになりますが，これは前述の(4), (4')と同じです．

以上で本質的な部分が完了ですが, (1)には特殊性があります. 左辺に $(2x-1)$ を掛けると

$$32x^5 - 40x^3 + 10x - 1 = 0 \qquad (6)$$

となりますが, 余弦の5倍角の公式が

$$\cos(5\theta) = 16\cos^5\theta - 20\cos^3\theta + 5\cos\theta$$

です. $x = \cos\theta$ とおくと (6)は

$$2\cos(5\theta) = 1 \Rightarrow \cos(5\theta) = 1/2 \qquad (7)$$

となります. $0° < \theta < 180°$ すなわち $0° < 5\theta < 900°$ の範囲で(7)の解を探すと次のとおりです.

5θ	θ	ラジアン	もとの解
60°	12°	$\pi/15$	$\cos 12°$
300°	60°	$\pi/3$	$x = 1/2$
420°	84°	$7\pi/15$	$\cos 84°$
660°	132°	$11\pi/15$	$\cos 132°$
780°	156°	$13\pi/15$	$\cos 156°$

$\cos 60° = 1/2$ は $(2x-1)$ を掛けたためにまぎれこんだ無縁解であり, もちろん捨てなければいけません.

M氏の解はこれとは違いますが, 最初から $x = \cos\theta$ とおいて, 解が $\theta = \pi/15$ の整数倍であることを論じたものです.

問題の特殊性をうまく利用した他の解はT氏の方法です. 要点は $y = 2x + 1$ と変形して整理すると

$$y^2 - 3y - 1 + 3/y + 1/y^2 = 0 \ (y \neq 0)$$

に帰着され, $u = y - 1/y$ によって2次方程式 $u^2 - 3u + 1 = 0$ に帰します. これから x の解(5), (5')が出ます.

実はもとの方程式はある行列の固有方程式であり, この種の特殊性は予期できたのですが, 一応4次方程式の例題として提出した次第です.

設問 5

■■■■■■■■■■■■■■■■■■ 設 問 5 ■■■■■■■■■■■■■■■■■■

4 次方程式 $x^4+480x+1924=0$ を解く課題でした.

一部複雑な根号の式を求めた方がありましたが, 大半の方は正しく解いていました.

オイラーの方法を適用すると本文の記号で $A=0$, $B=480/8=60$, $C=-1924/4=-481$ です. オイラーの 3 次分解方程式は

$$t^3-481t-3600=0 \tag{1}$$

です. $481=37\times13=(25+12)(25-12)=25^2-12^2$, $3600=25\times12^2$ に気がつけば, (1) が $t=25$ という解をもつことから

$$(1) \text{の左辺}=(t-25)(t^2+25+144)$$
$$=(t-25)(t+9)(t+16)$$

と因数分解できます. 解がすべて実数で $25, -9, -16$ と正負を含むので, もとの方程式は 4 虚解です. 平方根の符号を $abc=60$ と合わせるために, $a=-5$, $b=3i$, $c=4i$ ととると解は

$$-a-b-c=5-7i, \ -a+b+c=5+7i,$$
$$a-b+c=-5+i, \ a+b-c=5-i \tag{2}$$

すなわち $5\pm7i$ と $-5\pm i$ です. □

フェラーリの解法によれば, フェラーリの 3 次分解方程式は $\lambda^3-1924\lambda-28800=0$ $(28800=480^2/8)$ です. これは $(\lambda-50)(\lambda+18)(\lambda+32)$ と因数分解できて, $\lambda=50, -18, -32$ が解です. $\lambda=50$ をとると, もとの 4 次式は

$$t^4-100t^2+100t^2+480t+1924$$
$$=(t^2-10t+\alpha)(t^2+10t+\beta), \ \alpha+\beta=100,$$
$$\alpha-\beta=48 \longrightarrow \alpha=74, \ \beta=26 \ (\alpha\beta=1924) \tag{3}$$

したがって $(t^2-10t+74)(t^2+10t+26)$ と因数分解できて, 解 $5\pm7i$, $-5\pm i$ を得ます. (本文の関係式 (13) に注意).

$x_1x_2+x_3x_4$, $x_1x_3+x_2x_4$, $x_1x_4+x_2x_3$ を未知数とする 3 次方

程式は $t^3-At^2-4Ct-(B^2-4AC)=0$ と表されます．本問では $t^3-7696t-230400=0$ となります．この解は $t=100,-36,-64$ です．$t=100(=x_1x_2+x_3x_4)$ をとってラグランジュの方法によると，順次 $x_1x_2=26$, $x_3x_4=74$, $x_1+x_2=-10$, $x_3+x_4=10$ となり，最終的に，$x_1,x_2=-5\pm i$；$x_3,x_4=5\pm7i$ を得ます．この問題は実は

$$2\times5^2=1^2+7^2,\ 5^2+1^2=26,\ 5^2+7^2=74,$$
$$26\times74=1924,\ 2\times(74-26)\times5=480$$

という特殊な関係を利用して作った人工的な方程式でした．多くの方が色々な方法で正しく解いたのに敬服しました．

設問 6

ナゴヤ三角形 すなわち 3 辺 b, c, s が $b^2-bs+s^2=c^2$, $s>b$ を満たす三角形について，$a=s-b$ とおくと 3 辺が a, c, s のもナゴヤ三角形です．本文で a, b, c, s が互いに素ならば

$$\{a,\ b\}=\{m^2-n^2,\ 2mn+n^2\},$$
$$s=m^2+2mn,\ c=m^2+mn+n^2$$

を満足する正の整数 $m, n\,(0<n<m)$ が一通りに定まることを証明しましたが，a, b がどちらの型かを直接に判定するのが問題[1]でした．

問題[1] いろいろ考えられます．a, b を奇数・偶数に細かく分類して論じた方がありましたが，少々「無駄な努力」の印象でした．この場合は，奇偶性よりも 3 で割った剰余のほうが有用です．

本文（補助定理 1）で述べたとおり，原始的ナゴヤ三角形では $b-a$ が 3 の倍数ではありません．また $m-n$ も 3 の倍数ではなく，

設問6

$(m-n)^2 \equiv 1 \pmod 3$ なので
$$(m^2-n^2)-(2mn+n^2) = m^2-2mn-2n^2$$
$$= (m-n)^2-3n^2 \equiv 1 \pmod 3$$
です．したがって $b-a$ を 3 で割った余り r を求め，

$$r=1 \text{ ならば } \quad b=m^2-n^2,\ a=2mn+n^2$$
$$r=2 \text{ ならば } \quad a=m^2-n^2,\ b=2mn+n^2 \tag{1}$$

と判定できます．ここで必要なら a, b を交換して $b-a>0$ とすれば無難だが，直接計算して $b-a$ が負の場合は，負の商に対して正の余り $r=1$ か 2 と計算します．この点を明快に述べた方もありました．

たぶんこれが最も簡単な判定法でしょう．

問題[2]　積 $abcs$ がつねに $2^3 \times 3 \times 5 \times 7 = 840$ の倍数であることの証明です．本文で述べたとおり，a, b, c, s が互いに素なら c は必ず奇数であり，奇数の 2 乗は $\equiv 1 \pmod 8$ に注意します．

$2^3=8$ の倍数であること：a, b の少なくとも一方は奇数なので，一般性を失うことなく a を奇数とすると

$$c^2-a^2 = ab+b^2 = bs \equiv 1-1 = 0 \pmod 8$$

は 8 の倍数です．当然 $abcs$ もそうです．なお本文で示した通り，a, b とも奇数なら $s=a+b$ は 8 の倍数です．

3 の倍数であること：$s=a+b$ が 3 の倍数なら自明です．そうでなければ $a-b$ が 3 の倍数でない（前述）ので，a か b の一方が 3 の倍数です．あるいは

$$abs = (m+n)(m-n)mn(2m+n)(m+2n) \tag{2}$$

の右辺の少なくとも一つの項が 3 の倍数としてもよいでしょう．

5 の倍数であること：(2) の右辺の少なくとも一つの項が 5 の倍数であることを示します．M 氏などのように $\pmod 5$ による m, n の場合分け表を作ってもよいが，$\pmod 5$ で次のように変形すれば，

200

右辺の少なくとも一項が 5 の倍数です.

$$abs \equiv 2mn(m+n)(m+2n)(m+3n)(m+4n) \pmod 5.$$

$(\bmod 5$ で $2m+n \equiv 2m+6n,\ m-n \equiv m+4n$ に注意$)$

以上では c を無視してよい (abs が 120 の倍数) のですが, **7 の倍数**については c が不可欠です. $(\bmod 7)$ で

$$c = m^2 + mn + n^2 \equiv m^2 + 8mn + 15n^2$$
$$= (m+3n)(m+5n)$$

と変形し, $2m+n \equiv 2m+8n,\ m-n \equiv m+6n \pmod 7$ に注意すると, 積は $(\bmod 7)$ で

$$abcs \equiv 2mn(m+n)(m+2n)(m+3n)$$
$$\times (m+4n)(m+5n)(m+6n) \qquad (3)$$

です. この右辺の少なくとも一項は 7 の倍数です. □

m, n の場合分け表を作って考察してももちろん正しく証明でき, 多くの方がそうしていました. しかし上記のような変形が「エレガント」かもしれません.

付記 本文 3 節で省略した原始性の証明を補充します.

仮定: m, n は互いに素で, $m-n$ は 3 の倍数でない.

いま $a = m^2 - n^2,\ b = n^2 + 2mn,\ s = m^2 + 2mn,\ c = m^2 + mn + n^2$ がすべてある素数 p で割り切れたと仮定する. $p = 2$ なら m^2, n^2 がともに偶数で m, n は互いに素でない. また p は $b+s-c = 3mn$ を割り切るから, $p \geq 5$ なら m か n か少なくとも一方が p の倍数になる. しかし $m^2 - n^2$ も p の倍数なので, m, n の両者とも p の倍数になって仮定に反する. $p = 3$ のときは $a = (m-n)(m+n)$ が 3 の倍数だが, $m-n$ が 3 の倍数でないので $m+n$ が 3 の倍数になる. 他方 $s = 2m(m+n) - m^2,\ b = 2n(m+n) - n^2$ も 3 の倍数なので m^2, n^2 がともに 3 の倍数になり, 両者は互いに素でない. いずれも仮定に反する. □

設問7

　なお本文 (3) の表記の一意性は，上述のように a, b を判定したとき，　$mn = (s+b-c)/3,\ m:n = (c+a):b = s:(c-a)$ から m, n が定まり，これから導かれます．　$c+mn = (m+n)^2,\ s-2mn = m^2,$ $b-2mn = n^2$ なども利用できます．m, n の決定は本文 5 節の証明を辿らず，このように直接にできます．

◤◤◤◤◤◤ **設 問 7** ◢◢◢◢◢◢

　三 角 数 $T_m = m(m+1)/2$ と 四 角 数 $S_n = n^2$ との ニ ア ミ ス ： $T_m - S_n = 1$ を求める問題でした．

　所要の不定方程式は，式を 8 倍して整理すると

$$u^2 - 2v^2 = 9,\ \ u = 2m+1,\ \ v = 2n \tag{1}$$

になります．t が 3 の倍数でなければ $t^2 \equiv 1\ (\mathrm{mod}\,3)$ なので (1) の解は u, v がともに 3 の倍数 $u = 3x,\ v = 3y$ に限ります．結局 $T_m - S_n = 1$ の解は本文で述べた $x^2 - 2y^2 = 1$ の解 x, y を 3 倍した u, v から作られるものに限り，順次表 1 のようになります．本文で例示した列の次は $T_{865} = 374545,\ S_{612} = 374544$ です．

表1　　$T_m - S_n = 1$ の例

u	3	9	51	297	1731	10089
v	0	6	36	210	1224	7134
m	1	4	25	148	865	5044
n	0	3	18	105	612	3567
T_m	1	10	325	11026	374545	12723490
S_n	0	9	324	11025	374544	12723489

　$T_m - S_n = -1$ は同様にして

$$u^2 - 2v^2 = -7,\ \ u = 2m+1,\ \ v = 2n \tag{2}$$

に帰着されます．(2) の解は 2 系列あり，それぞれ初項 $u_1 = 1,$

202

$v_1 = 2$ と $\tilde{u}_1 = 5$, $\tilde{v}_1 = 4$ から，定義式

$$u_k + v_k\sqrt{2} = (u_1 + v_1\sqrt{2})(3 + 2\sqrt{2})^k \quad (\tilde{u}_1, \tilde{v}_1 \text{ も同様})$$

によって順次生成されます．初めのほうの値を結果だけ表2に示しました．u_k, v_k はそれぞれ本文の x_k, y_k と同じ漸化式を満たします．

表2　$T_m - S_n = 1$ の解の例（$(0, 1)$ を除く）

m	T_m	n	S_n	m	T_m	n	S_n
5	15	4	16	2	3	2	4
32	528	23	529	15	120	11	121
189	17955	134	17956	90	4095	64	4096
1104	609960	781	609961	527	139128	373	139129

m, n の漸化式はぞれぞれの系列内で，本文(11)と同じく公式

$$m_{k+1} = 6m_k - m_{k-1} + 2, \quad n_{k+1} = 6n_k - n_{k-1}.$$

で与えられます．

─────────── 設 問 8 ───────────

ブロック行列に関する2個の問題（数検1級の過去問）でした．全体で4名の応募を頂きました．この結果は多くの教科書に載っており，参考書を付記した方もありました．

問 1　A, B, C, D を n 次正方行列とし，$AC = CA$ と仮定すると，行列式について次の等式が成立することの証明です（左辺は $2n$ 次，右辺は n 次の行列式）．

$$\begin{vmatrix} A & B \\ C & D \end{vmatrix} = |AD - CB| \tag{1}$$

A が可逆（= 非特異）のときは本文で述べたとおり，左辺に $2n$ 次行列式

設問 8

$$\begin{vmatrix} A^{-1} & O \\ -C & A \end{vmatrix} \quad (\text{値は}\,|A^{-1}||A|=1\,)$$

を掛けて証明できます(O は零行列).

　A が可逆でないときには I を n 次単位行列,ε を絶対値が小さい 0 でない実数として A を $A+\varepsilon I = A'$ に置き換えます.A' は C と交換可能であり,$\varepsilon \neq 0$ で $|\varepsilon|$ が十分小さなとき可逆です.

　この事実はいろいろと証明できますが,A が可逆でない(特異)とは $|A|=0$ と同値で,$\lambda=0$ が A の固有値の一つであることを意味します.したがって $|\varepsilon|$ が 0 以外の固有値の絶対値の最小よりも小さければ,A' の固有値に 0 が含まれず A' は可逆です.A' については (1) が成立し,$\varepsilon \to 0$ とすれば行列式は成分の連続関数なので,極限値として (1) が成立します.$\varepsilon = 1/k$ として $k \to \infty$ とした方もありました.　　　　　　　　　　　　　　　　　　　　　　□

　T 氏など極限の考案を精細に行った方もありましたが,要点は上記で尽きます.なお可逆な場合の別証を示した方もありました.

問 2　A を m 行 n 列,B を n 行 m 列の長方形行列とするとき,AB と BA の固有値の関係を示す問題です.具体的には m 次単位行列を I_m と記すとき,等式

$$\lambda^n |\lambda I_m - AB| = \lambda^m |\lambda I_n - BA| \tag{2}$$

を証明することです.以下使用する $(m+n)$ 次のブロック行列はすべて次の型

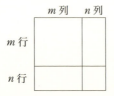

に限りますので,いちいち断りません.いささか天下り的ですが,次のようなブロック行列を定義します.

設問の解答・解説

$$C_1 = \begin{bmatrix} \lambda I_m & A \\ B & I_n \end{bmatrix}, \quad C_2 = \begin{bmatrix} I_m & A \\ B & \lambda I_n \end{bmatrix},$$

$$U_1 = \begin{bmatrix} I_m & -A \\ O & I_n \end{bmatrix}, \quad U_2 = \begin{bmatrix} I_m & O \\ -B & I_n \end{bmatrix}$$

ここで O は全成分が 0 の零行列です．直接の計算により

$$U_1 C_1 = \begin{bmatrix} \lambda I_m - AB & O \\ B & I_n \end{bmatrix}, \ U_2 C_2 = \begin{bmatrix} I_m & A \\ O & \lambda I_n - BA \end{bmatrix}$$

が成立し，$|U_1| = |U_2| = 1$ から，行列式は

$$|C_1| = |\lambda I_m - AB|, \quad |C_2| = |\lambda I_n - BA| \tag{3}$$

です．他方行列の計算により

$$C_1 \begin{bmatrix} I_m & O \\ O & \lambda I_n \end{bmatrix} = \begin{bmatrix} \lambda I_m & O \\ O & I_n \end{bmatrix} C_2 = \begin{bmatrix} \lambda I_m & \lambda A \\ B & \lambda I_n \end{bmatrix}$$

であり，行列式は $\lambda^n |C_1| = \lambda^m |C_2|$ です．これを (3) と比較すれば (2) を得ます． $\square$

　他にも行列の変形を工夫した証明がありました．しかしたぶん上述が最も「エレガント」な証明と思います．但し上のようなうまい補助行列を思いつくのが困難かもしれません．

━━━━━━━━━━━ 設 問 9 ━━━━━━━━━━━

$$A = \begin{bmatrix} -1 & -1 & 0 \\ 1 & 1 & 1 \\ -1 & -1 & 2 \end{bmatrix} \tag{11}$$

という行列の累乗 A^n を求める課題でした．

　(11) の固有方程式は $-\lambda^3 + 2\lambda^2 - \lambda = -\lambda(\lambda-1)^2 = 0$ であり，固有値は 0 と 1(重解)です．固有ベクトルは，それぞれ

$$\begin{bmatrix} 1 \\ -1 \\ 0 \end{bmatrix} (\lambda = 0), \ \begin{bmatrix} -1 \\ 2 \\ 1 \end{bmatrix} (\lambda = 1) \tag{12}$$

205

ですが，後者は1次元なので対角化不能です．なお便宜上以下の式番号を本文からの通し番号にします．

後者に対する一般化された固有ベクトル，すなわち

$$(A-I)\begin{bmatrix} x \\ y \\ z \end{bmatrix} = \begin{bmatrix} -1 \\ 2 \\ 1 \end{bmatrix} \tag{13}$$

の解は $y=-2x+1$, $z=2-x$（x は任意定数）です．$x=0$ とすれば成分が $(0, 1, 2)$ となります．これらを並べて

$$P = \begin{bmatrix} -1 & 0 & 1 \\ 2 & 1 & -1 \\ 1 & 2 & 0 \end{bmatrix}, P^{-1} = \begin{bmatrix} 2 & 2 & -1 \\ -1 & -1 & 1 \\ 3 & 2 & -1 \end{bmatrix}$$

とおくと（P^{-1} は P からの計算結果），計算して

$$J = P^{-1}AP = \begin{bmatrix} 1 & 1 & 0 \\ 0 & 1 & 0 \\ 0 & 0 & 0 \end{bmatrix} \tag{14}$$

となります（$\lambda=1$ に対するジョルダン・ブロック）．単因子を活用しても同じ結果を得ます．J の累乗は

$$J^n = \begin{bmatrix} 1 & n & 0 \\ 0 & 1 & 0 \\ 0 & 0 & 0 \end{bmatrix}, A^n = PJ^nP^{-1}$$

であり，これを計算すると以下の結果を得ます．

$$A^n = \begin{bmatrix} n-2 & n-2 & -n+1 \\ -2n+3 & -2n+3 & 2n-1 \\ -n & -n & n+1 \end{bmatrix} \tag{15}$$

以上がオーソドックスな（？）方法ですが，計算がかなり大変です．累乗だけならば次のようにできます．

ケイリー・ハミルトンの定理から

$$A^3 = 2A^2 - A \tag{16}$$

です．数学的帰納法により，$n \geq 3$ に対して

$$\begin{aligned} A^n &= (n-1)A^2 - (n-2)A \\ &= (n-1)(A^2-A) + A \end{aligned} \tag{17}$$

が容易に証明できます．他方直接の計算により

$$A^2 - A = \begin{bmatrix} 1 & 1 & -1 \\ -2 & -2 & 2 \\ -1 & -1 & 1 \end{bmatrix} \qquad (18)$$

ですから，(17)によって直ちに(15)が求まります．□

　実は大半の方が(17)を出してあっさり解いていました．A の大き
さが小さいときには，このような漸化式の活用が有用な場合があり
ます．

　この場合も A が可逆でないため，(15)で $n=0$ とした行列は単位
行列 I はなく $-A^2+2A$ です．しかし $I-(-A^2+2A)=(A-I)^2$ が
A の零因子なので，問題はありません．

　余談ながらコンピュータで $c_n = u^T A^n v$（T は転置行列；縦ベ
クトルを1列の行列と思う）を順次計算する必要があるときには，
$A^k v = v_k$ と $(A^T)^j u = u_j$ とを独立に順次計算して，

$$c_1 = \langle u,\ v_1 \rangle,\ c_2 = \langle u_1,\ v_1 \rangle,$$
$$c_3 = \langle u_1,\ v_2 \rangle,\ c_4 = \langle u_2,\ v_2 \rangle$$

といった内積の形で順次求めるという工夫が欠かせません．これら
は案外教科書に書かれていない頓智（？）かもしれませんが，計算に
はこういった工夫も大切と思います．

　なお応募中に1通誤った解答がありました．それは消去法の計算
と混同したように見受けました．

付記　数学検定の過去問題中では，A の比較的低次累乗（たとえば A^6）
が単位行列になり，以下周期的に同じ列が反復するような型の問題があ
りました．また状態遷移の確率過程で A^n の $n \to \infty$ とした極限とその解
釈（定常状態）といった形式の出題もありました．この場合計算結果は正
しいが，その解釈がおかしい「誤答」も意外と多いようでした．

設問 10

━━━━━━━━━━━ **設問 10** ━━━━━━━━━━━

4辺の長さ a, b, c, d を与えた円内四角形の面積の公式を求める課題です．読者諸賢には易しすぎたかもしれません．

最初から解き直した方もありましたが，本文の結果を活用して，次のようにしてよいでしょう．

対角線 AC（長さ p）で四角形を分割し，$\triangle$ABC，$\triangle$ADC の面積をそれぞれ S_1，S_2 とし，外接円の半径を R とすると，

$$S = S_1 + S_2, \quad 4RS_1 = abp, \quad 4RS_2 = cdp$$

ですから，

$$4RS = (ab + cd)p$$

です．本文の公式 (7)（p の式）を代入すると

$$4RS = \sqrt{(ab+cd)(ac+bd)(ad+bc)} \tag{1}$$

という答を得ます．ここで $d = 0$ とすれば，三角形の場合の公式 $4RS = abc$ に戻ります．

(1) の根号内を展開して

$$a^2b^2c^2 + a^2b^2d^2 + a^2c^2d^2 + b^2c^2d^2 + abcd(a^2 + b^2 + c^2 + d^2) \tag{2}$$

と表した方もありました．この形で数値計算することもあります．逆に (2) を (1) の右辺の根号内のように因数分解するのは，少し難しいが興味ある演習問題です．

208

設問 11

三角形の 3 個の傍接円について 2 個ずつの根軸の計 3 本が共有する交点 (根心) の重心座標とその幾何学的意味を問う設問でした．

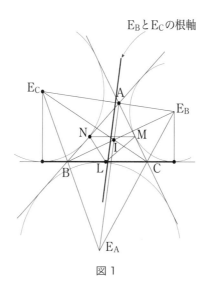

図 1

本文中に解説した通り，3 個の傍接円 E_A, E_B, E_C の重心座標による方程式は，円の方程式 $(x+y+z)(ux+vy+wz) = a^2yz + b^2zx + c^2xy$ において (u, v, w) を順次

$$\begin{aligned}
&E_A : u_1 = s^2,\ v_1 = (s-c)^2,\ w_1 = (s-b)^2, \\
&E_B : u_2 = (s-c)^2,\ v_2 = s^2,\ w_2 = (s-a)^2, \\
&E_C : u_3 = (s-b)^2,\ v_3 = (s-a)^2,\ w_3 = s^2 \\
&s = (a+b+c)/2
\end{aligned} \quad (1)$$

として表されます．これを本文の公式 (8) に代入して計算すれば，目標の根心の重心座標の比は，共通因子 $2abc$ を除いて

$$x : y : z = (b+c) : (c+a) : (a+b) \quad (2)$$

となります．これに達する行列式の計算を詳細に記述した方もあり

209

設問 11

ましたが，それは手段であって本問の中心課題ではありません．む
しろ(2)が表す点 R の幾何学的意味に主題があります．

内心 I の重心座標の比は $a:b:c$ です．線分 IR を 2:1 に内分した
点の重心座標の比は 1:1:1 になり，重心 G を表します．すなわち
R は内心 I と重心 G を結ぶ直線上で，I, G を 3:1 に外分した点です．
この事実に言及した方は多かったが，これだけではまだ意味が薄弱
です．少し別の面から考え直しましょう．

E_B と E_C の根軸は係数の差が

$$(s-c)^2-(s-b)^2=(2s-b-c)(b-c)=a(b-c),$$
$$s^2-(s-a)^2=(2s-a)\cdot a=a(b+c)$$

などから，共通項 a を除いて

$$(b-c)x+(b+c)(y-z)=0 \tag{3}$$

と表されます．ところが辺 BC の中点 L から傍接円 E_B, E_C への接
線の長さは，ともに辺 BC とその延長について $s-a/2=(b+c)/2$
と相等しい；そして根軸が両円の中心を結ぶ直線と垂直なことか
ら，根軸 (3) は辺 BC の中点 L(0, 1/2, 1/2) を通って ∠A の二等分
線 $y/b = z/c$ と平行な直線です．それは △ABC の 3 辺の中点 L, M,
N を結んでできる**中点三角形**において，∠L の二等分線です．

とすれば他の 2 組の傍接円の根軸

$$(c-a)y+(c+a)(z-x)=0$$
$$(a-b)z+(a+b)(x-y)=0 \tag{4}$$

の合計 3 本は，**中点三角形 LMN の内心 R** で交わります．これが
根心 R の幾何学的な意味だと思います．$e^{\pi i}$ 氏がこの点を詳細に検
討していました．

中点三角形 LMN は，もとの △ABC を重心 G を相似中心として
$-1/2$ に縮小変換した三角形です．これから逆に R が IG を 3:1 に
外分する点であることと，その重心座標の比が (2) で表されること
が確かめられます．

210

直線 IGR は**ナーゲル**(Nagel；人名)**線**とよばれます．R に対する I の対称点 N_g が**ナーゲル点**だからです．N_g は各傍接円が，それを内角に含む頂点の対辺と（延長上でなく）接する点と対頂点を結ぶ 3 直線の共通交点として知られている点です．その重心座標の比は

$$(-a+b+c):(a-b+c):(a+b-c)$$

です．ナーゲル線とオイラー線上にあるいくつかの重要な点（心）どうしが，図2のように対応しています．

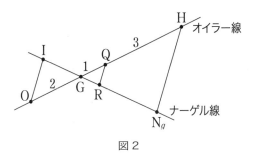

図2

ここに O, Q, H はそれぞれ外心，九点円の中心，垂心を表します．

発展として記した内接円 I と 2 個の傍接円の根心の重心座標も同様にそれぞれ次のように表されます．

$$\begin{aligned}
E_B \text{ と } E_C \quad & (b+c):(c-a):(b-a) \\
E_C \text{ と } E_A \quad & (c-b):(c+a):(a-b) \\
E_A \text{ と } E_B \quad & (b-c):(a-c):(a+b)
\end{aligned} \quad (5)$$

これらが中点三角形 LMN の 3 個の傍心であることは，前述と同様に幾何学的にも，また重心座標の計算によっても確かめられます．

設問 12

　△ABC の 3 辺を a, b, c；外・内接円の半径を R, r とするとき，次の不等式の証明でした．

$$8R^2 + 4r^2 \geqq a^2 + b^2 + c^2 \tag{1}$$

かつ等号は $a = b = c$ のときに限る．

　(1)を辺長の不等式に還元します．面積を S とすると

　$4RS = abc$，$r(a+b+c) = 2S$，およびヘロンの公式から

$$(1)\text{の左辺} = \frac{(abc)^2}{2S^2} + \frac{(a+b+c)(-a+b+c)(a-b+c)(a+b-c)}{(a+b+c)^2}$$

$$= \{8a^2b^2c^2 + [(-a+b+c)(a-b+c)(a+b-c)]^2\}/(4S)^2$$

となります．これを活用して (1) の両辺に

$$(4S)^2 = -a^4 - b^4 - c^4 + 2(a^2b^2 + b^2c^2 + c^2a^2) > 0$$

を乗ずると，展開計算して (細かい計算は略)，(1) は最終的に

$$[(-a+b+c)(a-b+c)(a+b-c)]^2$$
$$\geqq (-a^2+b^2+c^2)(a^2-b^2+c^2)(a^2+b^2-c^2) \tag{2}$$

に還元されます．この変形は可逆 (両者は同値) です．直角三角形・鈍角三角形では (2) の右辺 $\leqq 0$ で自明なので鋭角三角形に限ります．正三角形では (2) の両辺が等しいのでそうでないとすると，一般性を失うことなく，$a \geqq b \geqq c$ かつ $a > c$ と仮定できます．

$$(-a+b+c)^2 - (-a^2+b^2+c^2) = 2a^2 - 2ab - 2ac + 2bc$$
$$= 2(a-b)(a-c) \geqq 0 \tag{3}$$

で，等号は $a = b$ に限ります．同様に

$$(a+b-c)^2 \geqq a^2 + b^2 - c^2$$

も証明できますが，$(a-b+c)^2 \leqq a^2 - b^2 + c^2$ なので，このままでは行き詰まります．しかし両者の積を比較すると

212

$$[(a-b+c)(a+b-c)]^2 - (a^2-b^2+c^2)(a^2+b^2-c^2)$$
$$= [a^2-(b-c)^2]^2 - a^4 + (b^2-c^2)^2$$
$$= -2a^2(b-c)^2 + (b-c)^4 + (b^2-c^2)^2$$
$$= 2(b-c)^2(-a^2+b^2+c^2) \tag{4}$$

です．鋭角三角形と仮定したので $-a^2+b^2+c^2>0$ であり，(4)$\geqq 0$ 等号は $b=c$ に限ります．しかし $a>c$ としたので，(3) の等号条件 $a=b$ とは両立せず，どちらかは真に正です．したがって両者の積により，(2) が $>$ として成立することが証明できました（T 氏の解）．

$\square$

角の関係へ直すには (2) を $8a^2b^2c^2$ で割り，左辺を
$$(a-b+c)(a+b-c) = a^2-(b-c)^2$$
$$= 2bc[1-(-a^2+b^2+c^2)/2bc]$$
$$= 2bc(1-\cos A)$$
のように変形して掛ければ，
$$(1-\cos A)(1-\cos B)(1-\cos C)$$
$$\geqq \cos A \cdot \cos B \cdot \cos C \tag{5}$$
となります．この変形も可逆で，(5) も鋭角三角形に限定して十分です．前記 T 氏はこの形で巧妙な式変形をしました．しかし私は (5) を展開して知られた等式

$$\cos^2 A + \cos^2 B + \cos^2 C + 2\cos A \cos B \cos C = 1 \quad (A+B+C=180°)$$

(第 13 話で証明) により，目標の不等式を
$$\cos^2 A + \cos^2 B + \cos^2 C$$
$$+ \cos A \cdot \cos B + \cos A \cdot \cos C + \cos B \cdot \cos C \tag{6}$$
$$\geqq \cos A + \cos B + \cos C$$
に変形して考えたので，その証明を記します．

まず二等辺三角形 $B=C=\beta$, $A=\pi-2\beta$ のときを示します． $\cos A = -\cos(2\beta) = 1-2\cos^2\beta$ であり， $t=\cos\beta$ とおくと

213

設問 12

(6) の左辺 − 右辺

$$= (1-2t^2)^2 + 3t^2 + (1-2t^2)(2t-1) - 2t$$

$$= (1-2t^2)(2t-2t^2) + 3t^2 - 2t = t^2 - 4t^3 + 4t^4$$

$$= t^2(1-2t)^2 \geqq 0, \quad 等号は t = 1/2(\beta = 60°) のみ$$

となって確かに成立します．

　次に A を最小角にとり，$B+C$ が一定の下で (6) の左辺 − 右辺が，$B=C$ のとき最小値をとることを示せば，二等辺三角形の場合に帰着されて証明完了です．正三角形のときは等号が成立するので，そうでないとすれば $A < \pi/3(60°)$ として十分です．便宜上 $B = \alpha + \theta$, $C = \alpha - \theta$ $(|\theta| < \alpha)$ とおくと，$2\alpha = (B+C) = \pi - A > 2\pi/3$, $\pi/2 > \alpha > \pi/3$, $0 < \cos\alpha < 1/2$ であり，$A = \pi - 2\alpha$, $\cos A = -\cos 2\alpha = 1 - 2\cos^2\alpha$ です（α は当面定数と考える）．

　これらを (6) に代入すると左辺 − 右辺は

$$= \cos^2(\alpha+\theta) + \cos^2(\alpha-\theta) + \cos(\alpha+\theta)\cos(\alpha-\theta)$$

$$- (1-\cos A)[\cos(\alpha+\theta) + \cos(\alpha-\theta)] + (\cos^2 A - \cos A),$$

です．(7) の末尾の項は定数なので無視し，加法定理で変形して

$$残りの項 = 3\cos^2\alpha\cos^2\theta + \sin^2\alpha\sin^2\theta$$

$$- 2\cos^2\alpha \cdot 2\cos\alpha\cos\theta$$

$$= 1 - \cos^2\alpha - \cos^2\theta + 4\cos^2\alpha\cos^2\theta - 4\cos^3\alpha\cos\theta$$

$$= (4\cos^2\alpha - 1)\cos^2\theta - 4\cos^3\alpha\cos\theta + \sin^2\alpha \qquad (8)$$

です．(8) の末尾の項は定数なので無視します．上の注意で $0 < \cos\alpha < 1/2$ から $4\cos^2\alpha - 1 < 0$ です．(8) の $\cos\theta$, $\cos^2\theta$ の係数がともに負なので，$\cos\theta$ が大きいほど (8) は小さくなり，その最小値は $\cos\theta = 1$, $\theta = 0$, すなわち二等辺三角形のときです．これで上記の議論と合わせて証明できました．　　　　　　　　□

　このように進むと微分法を使わずにできました（微分法を嫌う必要はないが）．

　(5) の形で「簡潔」な証明を与えた方もありましたが，若干疑問点

214

設問の解答・解説

がありました．また $9R^2 \geqq a^2 + b^2 + c^2$ を証明して $R \geqq 2r$ と組合せればよいと読めた記述は，不等式の向きを誤った錯覚（？）と感じます．所要の不等式を証明すれば，$9R^2 \geqq a^2 + b^2 + c^2$ がその系として導かれるが，逆はいえません．

▶ 設問 13 ◀

この問題は偏微分するよりも変数を置換して

$$A = (\pi/3) + x, \quad B = (\pi/3) + y,$$
$$C = (\pi/3) + z, \quad x + y + z = 0$$

とし，$x = y = z = 0$ でのテイラー展開（マクローリン展開）をしたほうが楽です．3次の項までとると

$$\cos A = \frac{1}{2}\cos x - \frac{\sqrt{3}}{2}\sin x$$
$$= \frac{1}{2}\left(1 - \frac{x^2}{2}\right) - \frac{\sqrt{3}}{2}\left(x - \frac{x^3}{6}\right) + \cdots$$
$$= \frac{1}{2} - \frac{\sqrt{3}}{2}x - \frac{x^2}{4} + \frac{\sqrt{3}}{12}x^3 + \cdots$$
$$\cos^2 A = \frac{1}{4} - \frac{\sqrt{3}}{2}x + x^2\left(\frac{3}{4} - \frac{1}{4}\right) + x^3\left(\frac{\sqrt{3}}{12} + \frac{\sqrt{3}}{4}\right) + \cdots$$
$$= \frac{1}{4} - \frac{\sqrt{3}}{2}x + \frac{1}{2}x^2 + \frac{\sqrt{3}}{3}x^3 + \cdots$$
$$\cos A \cdot \cos B = \frac{1}{4} - \frac{\sqrt{3}}{4}(x+y) - \frac{1}{8}(x^2+y^2) + \frac{3}{4}xy$$
$$+ \frac{\sqrt{3}}{24}(x^3+y^3) + \frac{\sqrt{3}}{8}(x^2 y + xy^2) + \cdots$$

となります．巡回的に式を作って足すと，次のようになります．ここで $x + y + z = 0$ に注意します．

215

設問 13

$$\cos^2 A + \cos^2 B + \cos^2 C$$
$$= \frac{3}{4} + \frac{1}{2}(x^2 + y^2 + z^2) + \frac{\sqrt{3}}{3}(x^3 + y^3 + z^3) + \cdots$$

$$\cos A \cdot \cos B + \cos A \cdot \cos C + \cos B \cdot \cos C$$
$$= \frac{3}{4} - \frac{1}{4}(x^2 + y^2 + z^2)$$
$$+ \frac{3}{4}(xy + xz + yz) + \frac{\sqrt{3}}{12}(x^3 + y^3 + z^3)$$
$$+ \frac{\sqrt{3}}{8}(x^2 y + y^2 x + y^2 z + yz^2 + x^2 z + xz^2) + \cdots$$

これらにそれぞれ重み $\lambda,\ (1-\lambda)$ を掛けて加えると，定数項は $3/4$ のまま，2次の項は

$$\left[\frac{\lambda}{2} - \frac{(1-\lambda)}{4} \right](x^2 + y^2 + z^2) + \frac{3}{4}(1-\lambda)(xy + yz + zx) \tag{1}$$

となります．この両項の係数の比が $1:2$ ならば全体が $(x+y+z)^2$ の定数倍に等しく 0 になります．ここで定数項 $3/4$ を引くと，1次，2次の項がともに 0 になるので，そこは停留点ですが，そのままでは直接には判定不能の形になります．それが問題の条件に合う λ の値です．その方程式

$$2\left[\frac{\lambda}{2} - \frac{(1-\lambda)}{4} \right] = \frac{3}{4}(1-\lambda) \ \Rightarrow\ \lambda = \frac{5}{4}(1-\lambda) \tag{2}$$

から，$\lambda = \lambda_0 = \frac{5}{9}$, $1-\lambda_0 = \frac{4}{9}$ となります．これは全員正しく求めていました．

そのときに実際に鞍点（3次の鞍点）になることは，3次の項を調べるとわかります．3次の項は

$$(x^3 + y^3 + z^3)\left[\frac{\sqrt{3}}{3}\lambda + \frac{\sqrt{3}}{12}(1-\lambda) \right]$$
$$+ \frac{\sqrt{3}}{8}(1-\lambda)[(x+y+z)(x^2 + y^2 + z^2) - (x^3 + y^3 + z^3)]$$
$$= \sqrt{3}\,(x^3 + y^3 + z^3)\left(\frac{1}{3} \times \frac{5}{9} - \frac{1}{24} \times \frac{4}{9} \right)$$
$$\qquad\qquad\qquad\qquad (x+y+z=0 \text{ に注意})$$
$$= \frac{\sqrt{3}}{6}(x^3 + y^3 + z^3)$$

216

です．$x+y+z=0$ のときは $x^3+y^3+z^3=3xyz$ なので，この項は最終的に

$$(\sqrt{3}\,/2)xyz \tag{3}$$

とまとめることができます．$x+y+z=0$ なら，$x=y=z=0$ でない限り，x, y, z に正の数と負の数があり，xyz は正にも負にもなるので，(3)は一定の符号ではあり得ません．これが3次の鞍点の典型例です．

　ほとんどの方はこのように分けずに一括して考察していました．また $\lambda=5/9$ としたとき，剰余として残る3次の項の切り口を調べて，実際に極大でも極小でもないことを確認した方もありました．上述は一つの解答例にすぎず，他にもいろいろと工夫（但し大変な計算を要する）が見られました．

　なお本話では他の部分と異なる独自の記号を使った個所がありますので，混同しないでください．

━━━━━━━━━━━━━━━ ● **設問 14** ● ━━━━━━━━━━━━━━━

　鋭角三角形 ABC の内部の一点 P から3辺に垂線を引き，その足 D, E, F のなす三角形 DEF の面積 T の最大値と，それを与える点 P を求めよという設問でした．本文で述べたとおり，△ABC の面積を S，3辺 BC, CA, AB の長さをそれぞれ a, b, c；PD $=x$, PE $=y$, PF $=z$ とおくと，制約条件

$$ax+by+cz=2S \ (\text{一定}) \tag{1}$$

の下で目的関数（R は外接円の半径）

$$ayz+bzx+cxy=4RT \tag{2}$$

を最大にする問題です．ラグランジュ乗数 λ により

設問 14

$$ayz+bzx+cxy-\lambda(ax+by+cz-2S)$$

を x, y, z で偏微分して 0 とおいた方程式は

$$\left.\begin{array}{r}cy+bz=\lambda a\\cx+az=\lambda b\\bx+ay=\lambda c\end{array}\right\} \quad (3)$$

です．λ を既知とし，(3) を x, y, z の連立 1 次方程式として解くと

$$\left.\begin{array}{l}x=\lambda(-a^2+b^2+c^2)/2bc,\\y=\lambda(a^2-b^2+c^2)/2ca\\z=\lambda(a^2+b^2-c^2)/2ab\end{array}\right\} \quad (4)$$

を得ます．(4) は標準的な消去法によっても，またクラメルの公式によって行列式を計算してもできます．(4) を (1) に代入すると

$$2S=\frac{\lambda}{2abc}[a^2(-a^2+b^2+c^2)$$
$$+b^2(a^2-b^2+c^2)+c^2(a^2+b^2-c^2)]$$

ですが，この [　] 内を整理すると

$$-a^4-b^4-c^4+2a^2b^2+2b^2c^2+2c^2a^2=(4S)^2 \text{（ヘロンの公式）}$$

$$(5)$$

であり，分母は $8RS$ に等しいので，これから $\lambda=R$ を得ます．したがって (4) から，所要の点 P は

$$x=R\cos A, \quad y=R\cos B, \quad z=R\cos C \quad (6)$$

を満たす点ですが，これは △ABC の**外心**です，そのことは点 P の重心座標の比が

$$△PBC : △PCA : △PAB$$
$$=ax:by:cz=\sin 2A:\sin 2B:\sin 2C$$
$$=a^2(-a^2+b^2+c^2):b^2(a^2-b^2+c^2):c^2(a^2+b^2-c^2)$$

と表されることからわかります．直接に外心が (6) を満足して他に条件に合う点がないことを確かめても証明できます．最大値は (3) の 3 式に順次 x, y, z を掛けて加えた式

$$4RT = ayz + bzx + cxy$$
$$= \lambda(ax + by + cz)/2 = RS$$

から $T = S/4$ です（中点三角形になるので当然）.

但し厳密にいうと, この点が実際に最大値を与えることを確かめなければなりません.

最大値であることを確かめるには, (1) から z を
$$z = (2S - ax - by)/c$$
として目的関数 (2) に代入し, z を消去して整理した
$$[-ab(x^2 + y^2) - (a^2 + b^2 - c^2)xy + 2Sbx + 2Say]/c \tag{7}$$
の最大を求めるのが確実です. (7) を 1 次式の 2 乗の和の形に変形することも可能ですが, 極度に技巧的なので次のようにします. 定数 $1/c$ を除いた 2 次式とみると, 鋭角三角形と仮定したので x^2, y^2, xy の係数がすべて負で, (7) の極値は極大かつ最大を与えます. (7) を x, y で偏微分して 0 とおくと
$$\left.\begin{array}{l} -2abx - (a^2 + b^2 - c^2)y + 2Sb = 0 \\ -(a^2 + b^2 - c^2)x - 2aby + 2Sa = 0 \end{array}\right\} \tag{8}$$
です. これを x, y の連立 1 次方程式を思って解くと
$$\left.\begin{array}{l} x = a(-a^2 + b^2 + c^2)/8S, \\ y = b(a^2 - b^2 + c^2)/8S \end{array}\right. \tag{9}$$
（等式 (5) に注意）であり, これから
$$z = c(a^2 + b^2 - c^2)/8S \tag{9'}$$
を得ます. 分母分子に R を掛けて $8RS = 2abc$ に注意すれば, (9), (9') は (6) と同じ結果であり, それが実際に最大を与えます.　□

以上途中の厄介な計算をとばしましたが, 必要なら計算練習として御確認ください.

もとの三角形が鈍角三角形でも, 点 P を △ABC の外部にとってもよければ, 外心が最大値 $S/4$ を与えます. 点の範囲を三角形の内部または辺上に限定すると, 最大値を与える点 P は最長辺

設問 15

(BC とする)の中点で，最大面積は

$$(S/4) \cdot \sin^2 A \quad (A \text{ は最大角})$$

になります．このような吟味は必要だが繁雑なので，設問を鋭角三角形に限定しました．

なお，この問題は栗田稔『初等数学 15 講』にあること，また雑誌『初等数学』，2011 年 9 月号の課題 67–1 に出題されているとの御注意を下さった方がありました．調査不十分だったことをお詫びします．

━━━━━━━━ **設問 15** ━━━━━━━━

本文中の体積の式（式番号は本文のもの）

$$V = \frac{E}{12} \frac{\cos(\pi/q)}{\tan^2(\pi/p)\sqrt{1-\cos^2(\pi/p)-\cos^2(\pi/q)}} \tag{5}$$

によって星形正多面体の体積を計算する課題でした．

単なる計算ですが，準備として分母の根号内を計算すると，$(p,q)=(3,3)$, $(3,4)$, $(3,5)$, $(3,5/2)$, $(5/2,5)$ に応じてそれぞれ $1/2$, $1/4$, $\tau^{-2}/4$, $\tau^2/4$, $1/4$ です．ここに黄金比 $\tau = (\sqrt{5}+1)/2$, $\tau^{-1}=(\sqrt{5}-1)/2$ を活用しました．また

$$\cos(\pi/5)=\tau/2, \quad \cos(2\pi/5)=\tau^{-1}/2$$

さらに $\tau^2+\tau^{-2}=3$, $\tau+\tau^{-1}=\sqrt{5}$ に注意して

$$\sin^2\frac{\pi}{5} = 1-\frac{\tau^2}{4} = \frac{1}{4}(1+\tau^{-2}) = \frac{\sqrt{5}}{4}\tau^{-1},$$

$$\sin^2\frac{2\pi}{5} = \frac{\sqrt{5}}{4}\tau$$

を求めます．これらを (5) に代入して計算すれば，容易に表 1 の諸結果を得ます．表 1 では比較として正十二面体，正二十面体も加えました．これらは正二十面体群を自己同型変換群とする立体で

す．$5 \leftrightarrow 5/2$ と対応する多面体どうしで，$\tau \leftrightarrow \tau^{-1}$ とした対応に御注意下さい．

表1　五角形型の正多面体の体積（辺数はすべて 30　一辺の長さ 1）

名　　称	p	q	面数	頂点数	体積	その近似値
正十二面体	5	3	12	20	$\sqrt{5}\,\tau^4/2$	7.663117
大星十二面体	5/2	3	12	20	$\sqrt{5}\,\tau^{-4}/2$	0.163117
小星十二面体	5/2	5	12	12	$\sqrt{5}\,\tau^{-2}/2$	0.427051
大十二面体	5	5/2	12	12	$\sqrt{5}\,\tau^2/2$	2.927051
大二十面体	3	5/2	20	12	$5\tau^{-2}/6$	0.318305
正二十面体	3	5	20	12	$5\tau^2/6$	2.181695

　一辺の長さよりも外接球の半径 R を 1 としたほうが公平（？）と述べたので，その場合の結果を表 2 にまとめました．

表2　外接球の半径とそれを 1 にしたときの体積

p	q	面数	頂点数	R の値	$R=1$ の体積	その近似値
3	3	4	4	$\sqrt{3}/8$	$8/9\sqrt{3}$	0.513200
3	4	8	6	$1/\sqrt{2}$	$4/3$	1.333333
4	3	6	8	$\sqrt{3}/2$	$8/3\sqrt{3}$	1.539601
3	5	20	12	$5^{1/4}\sqrt{\tau}/2$	$4\times5^{1/4}\sqrt{\tau}/3$	2.536151
5	3	12	20	$\sqrt{3}\,\tau/2$	$4\sqrt{5}\,\tau/3\sqrt{3}$	2.785625
5/2	3	12	20	$\sqrt{3}\,\tau^{-1}/2$	$4\sqrt{5}\,\tau^{-1}/3\sqrt{3}$	1.063838
5/2	5	12	12	$5^{1/4}\sqrt{\tau^{-1}}/2$	$4\sqrt{\tau^{-1}}/5^{1/4}$	2.102924
5	5/2	12	12	$5^{-1/4}\sqrt{\tau}/2$	$4\sqrt{\tau}/5^{1/4}$	3.402603
3	5/2	20	12	$5^{-1/4}\sqrt{\tau^{-1}}/2$	$4\times5^{1/4}\sqrt{\tau^{-1}}/3$	1.567427

そのためには R が必要ですが，本文で述べたとおり $R^2 = r^2 + a^2$，$a = 1/[2\sin(\pi/p)]$（一辺 1）なので，本文の公式(3)から次のようになります．

$$R = \frac{a\sin(\pi/p)\sin(\pi/q)}{\sqrt{1-\cos^2(\pi/p)-\cos^2(\pi/q)}} \; ;$$

$$\frac{R}{r} = \tan\frac{\pi}{p}\tan\frac{\pi}{q}$$

(3')

設問 16

　一辺長を 1 としたときの R の値と，本文の体積の値を R^3 で割って $R=1$ と標準化したときの体積の値を表 2 にまとめました．違いがだいぶ減りましたが，普通の正多面体ではやはり頂点数の順に大きくなります．大十二面体の値が大きいのは，その内部で芯の部分が二重に含まれているせいです．

　星形正多面体について，さらにいくつか注意しておきたい事項があります．
　まず頂点数と面数がともに 12 で辺数が 30 であり，オイラーの多面体定理が成立しない立体があります．これはその面を拡げると示性数が

$$(30-12-12+2)/2 = 4$$

の曲面になるという意味で，矛盾ではありません．ただ 19 世紀の数学者でこの点に悩んだ先輩がいたそうです．
　次に大星十二面体と小星十二面体の体積の数値について，前者のほうが小さい（$R=1$ と標準化しても）のが気になる方があるでしょう．これは逆にほぼ同じ体積にしたとき，全体の大きさ（例えば直径）の大小によって付けられた名前だからです．以上念のために記します．

━━━━━━━━━ **設問 16** ━━━━━━━━━

　n 次元の一辺の長さが 1 である正単体の体積 V_n を計算する設問は，ある意味では易しい問題でした．

解答 1　一頂点から対面への高さ h_n は，本文 4 節で（少しまわりくどかったが）計算したとおり

$$h_n = \sqrt{(n+1)/2n} \tag{1}$$

設問の解答・解説

です．漸化式

$$V_n = h_n \cdot V_{n-1}/n, \quad V_1 = 1$$

から直ちに次の結果を得ます．

$$V_n = \frac{1}{2 \cdots\cdots n} \sqrt{\frac{3}{4}} \sqrt{\frac{4}{6}} \sqrt{\frac{5}{8}} \cdots \sqrt{\frac{n+1}{2n}}$$

$$= \frac{\sqrt{n+1}}{2^{n/2} n!}. \tag{2}$$

この結果を数学的帰納法で確認することも可能です． □

解答2 $(n+1)$ 次元の $(n+1)$ 個の単位点（座標の1個が1，他がすべて0の点）全体は，辺長 $\sqrt{2}$ の n 次元正単体を作ります．それと原点のなす錐体の体積は $1/(n+1)!$ です．一方原点からの高さは n 次元正単体の中心

$$(1/(n+1), \cdots, 1/(n+1))$$

までの距離で，$1/\sqrt{n+1}$ となるので

$$(\sqrt{2})^n V_n = \frac{n+1}{(n+1)!} \div \frac{1}{\sqrt{n+1}} = \frac{\sqrt{n+1}}{n!}$$

です．これから上述(2)と同じ結果を得ます． □

解答3 n 次元空間内で計算するなら，n 個の単位点と $(x, \cdots, x)$ を頂点とする辺長 $\sqrt{2}$ の正単体を考えます．x の値は辺長 $\sqrt{2}$ から，2次方程式

$$(x-1)^2 + (n-1)x^2 = 2 \Rightarrow nx^2 - 2x - 1 = 0$$

の解として

$$x = (1 \pm \sqrt{n+1})/n \ (\pm \text{のいずれか})$$

としてよく，体積は，成分の行列式から

$$(\sqrt{2})^n V_n = \frac{1}{n!} |1 - nx| = \frac{\sqrt{n+1}}{n!}$$

と計算できます． □

他にも多少の変形ができますが，いずれも答は

223

設問 17

$$V_n = \frac{\sqrt{n+1}}{2^{n/2}\, n!} \tag{2}$$

です．中には計算を誤って余分な項がついていた解答もありました
が，ほとんど全員が正しい値を求めていました．

この数値は $n \to \infty$ のとき急激に 0 に近づくことに注意します．

◀◀◀ 設 問 17 ▶▶▶

台形公式による評価の問題です．設問について私が期待していた
結果；

$a = n,\ b = n+1,\ f(x) = 1/x$ として

$$\log \frac{n+1}{n} < \frac{1}{2}\left(\frac{1}{n} + \frac{1}{n+1}\right) = \frac{n+1/2}{n(n+1)}$$

を得た後，両辺にさらに $n+1/2$ を掛けて指数関数をとり

$$e < \left(1 + \frac{1}{n}\right)^{n+1/2} < e \times \exp\frac{1}{4n(n+1)} \sim e\left(1 + \frac{1}{4n^2}\right)$$

という上からの評価を明示したのは A 氏だけでした．これに近い
解もありましたが，多くの方はずっと粗い評価や数値例だけで満足
（?）していました．

うち 4 名がモローの不等式の証明も寄せられました．これは対数
関数をとって微分するのがよいようです．以下のは上記 A 氏の解
答の線に沿うもので，最も簡単と思う証明です．

モローの不等式の証明（の一例）　所要の不等式

$$\frac{e}{2n+2} < e - \left(1 + \frac{1}{n}\right)^n < \frac{e}{2n+1}$$
$$< \left(1 + \frac{1}{n}\right)^{n+1} - e < \frac{e}{2n} \tag{1}$$

の左側 2 個を変形する（e で割って 1 から引く）と

$$\frac{2n+1}{2n+2} > \left(1+\frac{1}{n}\right)^n / e > \frac{2n}{2n+1} \tag{2}$$

と同値です．これに $(1+1/n)$ を掛けると

$$1+\frac{1}{2n} = \frac{2n+1}{2n} > \left(1+\frac{1}{n}\right)^{n+1} / e > \frac{2n+2}{2n+1}$$
$$= 1+\frac{1}{2n+1} \tag{3}$$

となりますが，これは (1) の右側 2 個と同値です．したがって (2) を証明すれば十分です．

n を連続変数 x にして，対数をとると

$$\log\frac{2x+1}{2x+2} > x\log\left(1+\frac{1}{x}\right) - 1 > \log\frac{2x}{2x+1} \tag{2'}$$

です．(2') の左辺，中央，右辺をそれぞれ $f(x)$, $g(x)$, $h(x)$ とおきます．これらは $x \to +\infty$ のときいずれも 0 に近づきます．また

$$f'(x) = \frac{1}{x+1/2} - \frac{1}{x+1},$$
$$g'(x) = \log\left(1+\frac{1}{x}\right) - x\left(\frac{1}{x+1} - \frac{1}{x}\right)$$
$$= \log\left(1+\frac{1}{x}\right) - \frac{1}{x+1}, \tag{4}$$
$$h'(x) = \frac{1}{x} - \frac{1}{x+1/2}$$

で，いずれも $x \to +\infty$ のとき 0 に近づきます．さらに微分すると

$$f''(x) = \frac{1}{(x+1)^2} - \frac{1}{(x+1/2)^2},$$
$$g''(x) = \frac{-1}{x(x+1)^2}, \quad h''(x) = \frac{1}{(x+1/2)^2} - \frac{1}{x^2},$$
$$f''(x) - g''(x) = \frac{(x+1)/4}{x(x+1)^2(x+1/2)^2} > 0,$$
$$g''(x) - h''(x) = \frac{5(x^2+x)+1}{4x^2(x+1)^2(x+1/2)^2} > 0$$

設問 18

となります．したがって $f'-g'$, $g'-h'$ はともに増加して 0 に近づくので値は負．$f-g$, $g-h$ はともに減少して 0 に近づくので，値は正，すなわち

$$f(x) > g(x) > h(x) \quad （(2') と同じ）$$

となります．□

他にベキ級数による展開や積分の評価に基づく証明もできますが，かなり技巧的と感じます．なおモローの不等式は，後の連載「ミニ数学を創ろう」でも扱いました．

━━━━━━━━━━━ **設問 18** ━━━━━━━━━━━

ニヴェンによる π の無理数性の証明の記述を完成せよという，いささか「問題のための問題」でした．結果的には同じことですが，最初から π を有理数と仮定せず，少し一般論から始めます．k と n とを任意の正の整数として

$$f(x) = n^k x^k (\pi - x)^k / k! \tag{1}$$

とおきます．$f(x)$ は $2k$ 次の多項式で，$0 \leqq x \leqq \pi$ で正，最大値は中央の $x = \pi/2$ での値 $[n(\pi/2)^2]^k \div k!$ です．この値は n を一定とし，$k \to +\infty$ としたとき 0 に近づきます．これから

$$0 < \int_0^\pi \sin x \cdot f(x) dx < \frac{\pi [n(\pi/2)^2]^k}{k!} \tag{2}$$

です．右辺は $k \to +\infty$ のとき 0 に近づくので，定まった n に対して k を十分大きくとれば (2) の右辺 < 1 にできます．さて (2) の積分を部分積分すると

$$N = \int_0^\pi \sin x\, f(x) dx = -\cos x \cdot f(x) \Big|_0^\pi + \int_0^\pi \cos x \cdot f'(x) dx$$

です．第 1 項は $f(\pi)+f(0)$ で実は 0 ですが，このままにしておき
ます．第 2 項は部分積分で

$$= \sin x \cdot f'(x)\Big|_0^\pi - \int_0^\pi \sin x \cdot f''(x)dx$$

$$= -\int_0^\pi \sin x \cdot f''(x)dx \tag{3}$$

となります．同じ操作を反復すると，$f^{(2k+2)}(x)=0$，そして
$f(\pi-x)=f(x)$ から $f^{(l)}(\pi)=(-1)^l f^{(l)}(0)$ に注意して

$$N = \int_0^\pi \sin x\, f(x)dx = 2\sum_{l=0}^{k}(-1)^l f^{(2l)}(0) \tag{4}$$

です．しかし $f^{(j)}(0)$ は $0 \leqq j \leqq k-1$ のとき 0 です．さらに
$k \leqq j \leqq 2k$ では $(\pi-x)^k$ を二項展開して $j-k$ を j と書き替えると

$$f^{(k+j)}(0) = (-1)^j \binom{k}{j}\frac{(k+j)!}{k!}n^k\pi^{k-j}, \quad 0 \leq j \leq k \tag{5}$$

と表されます．かっこは二項係数を表します．

　ここまでは π が無理数でも正しいのですが，もしも π が有理数
m/n だったら，その分母の n（一定値）を (1) の n にとると，(5) は
整数になります．したがって (4) の値 N も整数になります．

　しかし k を大きくとって (2) の右辺 < 1 とすると，整数 N が
$0 < N < 1$ という矛盾に陥ります．□

　本質的に本文で述べたのと同じ内容ですが，上記の記述のほうが
自然で厳密と思います．この証明は記事 [1] に詳しく紹介されてい
ます．また [2] には超越性の証明もあります．

　なお Z 氏は，n を正の整数として

$$I_n = \int_0^1 (1-x^2)\cos(\pi x)dx$$

の漸化式を活用し，π が有理数だと仮定すると矛盾を生じるという
別証をお寄せ下さり，さらに $e^\pi - \pi^e < 1$ を（数値計算をせずに）示

227

設問 19

しました.

　また高校 3 年生のグループ学習で，π の無理数性を探求させた結果をお送り下さった方がありましたた(但しそれは本質的には上述の線に沿うものでした).

　いずれも詳細は省略しますが，皆様方の御研究を高く評価いたします.

参考文献

[1] 小平邦彦，数学に王道なし，小平邦彦編：『数学の学び方』に所載，岩波書店(初版 1987，第 8 刷 2013)，改訂新版 2014.

[2] 中村滋，円周率—歴史と数理，共立出版，かんどころシリーズ 22，(2013)(特に第 5 章).

━━━━━ **設 問 19** ━━━━━

次の不定積分の計算が課題でした.

$$\int \frac{1}{\sin x}\, dx \tag{1}$$

$$\int \frac{1}{\cos x}\, dx \tag{2}$$

　変数変換 $\cos x = \sin(x+(\pi/2))$ (あるいは $\sin((\pi/2)-x)$ によって (1), (2) の一方から他方へ容易に変換できますが，一応別に扱います.

解法 1　定跡ともいうべき置換 $t = \tan(x/2)$ を行えば，変換

$$\sin x = \frac{2t}{1+t^2},\ \cos x = \frac{1-t^2}{1+t^2},\ dx = \frac{2dt}{1+t^2}$$

により，以下のように計算できます(C は積分定数).

228

$$\int \frac{1}{\sin x}\, dx = \int \frac{2}{2t}\, dt = \log|t| + C$$

$$= \log\left|\tan\frac{x}{2}\right| + C \tag{1'}$$

$$\int \frac{1}{\cos x}\, dx = \int \frac{2}{1-t^2}\, dt = \int \left[\frac{1}{1-t} + \frac{1}{1+t}\right] dt$$

$$= \log\left|\frac{1+t}{1-t}\right| + C = \log\left|\frac{1+\tan(x/2)}{1-\tan(x/2)}\right| + C \tag{2'}$$

通例 tan の加法定理により, (2') の対数項を

$$\log\left|\tan\left(\frac{x}{2} + \frac{\pi}{4}\right)\right|$$

とまとめて表現しています.

解法2 本文3節で (2) について述べた変換を行います. (1) についてだけ記述します ((2) も同様).

$$\int \frac{dx}{\sin x} = \int \frac{\sin x}{\sin^2 x}\, dx = \int \frac{\sin x}{1-\cos^2 x}\, dx \tag{3}$$

ここで $\cos x = t$ と置換すれば, $\sin x\, dx = -dt$ として

$$(3) = \int \frac{-1}{1-t^2}\, dt = -\int \frac{1}{2}\left[\frac{1}{1+t} + \frac{1}{1-t}\right] dt$$

$$= \frac{1}{2}\log\left|\frac{1-t}{1+t}\right| + C = \frac{1}{2}\log\left(\frac{1-\cos x}{1+\cos x}\right) + C \tag{4}$$

となります. 最後の対数項を (1') のように変形するのは, 倍角公式によって容易ですが, (4) の形のままのほうが, かえって便利なこともあります.

以上が標準的ですが, その他の方法で注目に値するものをいくつか紹介します.

M 氏の (1) に対する第2解:

$\sin x$ の倍角公式によって変形する.

設問 19

$$\int \frac{dx}{\sin x} = \int \frac{dx}{2\sin(x/2)\cdot\cos(x/2)}$$

$$= \frac{1}{2}\int \frac{\cos(x/2)}{\sin(x/2)(1-\sin^2(x/2))}\,dx$$

ここで $x/2 = t$ と置換すると，部分分数に分けて

$$= \int\left[\frac{\cos t}{\sin t} + \frac{\cos t}{2(1-\sin t)} - \frac{\cos t}{2(1+\sin t)}\right]dt$$

$$= \log|\sin t| - \frac{1}{2}\log(1-\sin t) - \frac{1}{2}\log(1+\sin t) + C$$

$$= \frac{1}{2}\log\frac{\sin^2 t}{(1-\sin t)(1+\sin t)} + C = \log\left|\tan\frac{x}{2}\right| + C.$$

(2) は $\cos x = \sin(x+\pi/2)$ で (1) に帰着させればよいが，A 氏は (2) についても直接に同様の変形を工夫していました．T 氏は (2) に対する第 2 解を修正して，次のように論じました．

　本文で少し言及したように，分子の 1 を $\cos^2 x + \sin^2 x$ と変形し，$\cos x$ の積分は $\sin x$ とする．残りの部分は

$$\frac{\sin^2 x}{\cos x} = \frac{\sin^2 x\cdot\cos x}{\cos^2 x} = \frac{\sin^2 x\cdot\cos x}{1-\sin^2 x}$$

と変形し，$\sin x = t$ と置換すると

$$\int \frac{\sin^2 x}{\cos x}\,dx = \int \frac{t^2}{1-t^2}\,dt$$

$$= \int\left[\frac{1}{2}\left(\frac{1}{t+1} - \frac{1}{t-1}\right) - 1\right]dt$$

$$= \frac{1}{2}\log\left|\frac{t+1}{t-1}\right| - t + C$$

となる．まとめて最後の答は次のようになる．

$$\int \frac{dx}{\cos x} = \frac{1}{2}\log\left(\frac{1+\sin x}{1-\sin x}\right) + C$$

　結果的には解法 2 と本質的に同じことになりましたが，いろいろと工夫してみる価値があると思います．

設問の解答・解説

━━━━━━━━ 設 問 20 ━━━━━━━━

課題は $\int_0^\infty \dfrac{\sin x}{x}dx = \dfrac{\pi}{2}$ を既知として，a, b が正の定数のとき，定積分

$$\int_0^\infty \frac{\sin(ax)\cdot\cos(bx)}{x}dx \tag{1}$$

の値を計算することでした．

三角関数の加法定理により

$$\sin(ax)\cdot\cos(bx) = \frac{1}{2}\left[\sin(a+b)x + \sin(a-b)x\right] \tag{2}$$

ですから，定積分(1)は分子を(2)によって変形して

$$\frac{1}{2}\left[\int_0^\infty \frac{\sin(a+b)x}{x}\,dx + \int_0^\infty \frac{\sin(a-b)x}{x}\,dx\right]$$

となります．第1項は $a+b>0$ なので変数変換して $\pi/2$ に等しくなります．第2項は $a-b>0$ ならば同様に $\pi/2$ ですが，$a-b<0$ ならば $-\pi/2$ になります．$a-b=0$ ならば 0 ですから，結局 a, b の大小関係により次のように答が分かれます．

$$\begin{cases} a>b & \text{なら} \quad \pi/2 \\ a=b & \text{なら} \quad \pi/4 \\ a<b & \text{なら} \quad 0 \end{cases} \tag{3}$$

易しい問題ですが，a と b の大小関係によって答の値が変わることに注意がいります．特に $a=b$ の場合の結果が正しくなかった方が少数ありました．

この発展として a, b, c を正の定数としたとき，定積分

$$\int_0^\infty \frac{\sin(ax)\sin(bx)\sin(cx)}{x}dx$$

は同様にして次のようになります．

$$\begin{cases} a, b, c\text{ が三角形の3辺になるときは } \pi/4 \\ a=b+c,\ b=c+a,\ c=a+b\text{ のいずれかなら } \pi/8 \\ a>b+c,\ b>c+a,\ c>a+b\text{ のいずれかなら } 0 \end{cases}$$

231

設問 21

　当初はこちらを出題しようかと考えていましたが，場合分けが厄介なので (1) にしました．易しい課題でしたが，若い方からの応募が増えて来たのを喜ばしく思います．

━━━━━■ 設 問 21 ■━━━━━

　具体式は後述しますが，$\sum 1/n^2 = \pi^2/6$ に関するオイラーの計算を合理化するのが課題でした．

　要は一様収束性を確かめればよいわけですが，次のように整理をして，直接に剰余項 → 0 を証明するのが速いと思います．$I_n = \int \sin^n x\, dx$ の漸化式を逆に反復した本文中の式 (6) に相当する．

$$x = \sum_{k=1}^{m} \frac{2 \cdot 4 \cdots (2k-2)}{3 \cdot 5 \cdots (2k-1)} \sin^{2k-1} x \cdot \cos x + \frac{2 \cdot 4 \cdots (2m)}{3 \cdot 5 \cdots (2m-1)} I_{2m}$$

(1)

までは問題ありません．但し $I_{2m}(0) = 0$ と積分定数を定め，$k = 1$ のときの係数は 1 と解釈します．上の式 (1) を 2 回積分し，$(\pi/2)$ を代入すれば，本文の式 (8) に相当する式

$$\frac{1}{6}\left(\frac{\pi}{2}\right)^3 = \sum_{k=1}^{m} \frac{2 \cdot 4 \cdots (2k-2)}{3 \cdot 5 \cdots (2k-1)2k} \times \frac{(2k-1)(2k-3)\cdots 3}{2k(2k-2)\cdots 4 \cdot 2} \cdot \frac{\pi}{2} + R_m$$

$$= \sum_{k=1}^{m} \frac{1}{k^2} \cdot \frac{\pi}{8} + R_m \tag{2}$$

を得ます．ここに R_m は剰余項で，これが「$m \to \infty$ のとき 0 に収束」すれば，所要の級数 $\sum 1/k^2$ が収束するとともに，その和が首尾よく

$$(\pi^3/48) \div (\pi/8) = \pi^2/6$$

と求まります．要は上の「　」内の性質を証明するのが本題です．

　剰余項 R_m は (1) の末尾の項を 2 回積分した関数の $\pi/2$ での値で

設問の解答・解説

す．それは $\sin^m x$ を 3 回積分した関数に相当します．以下すべて積分定数は $x = 0$ のとき関数値が 0 と定めます．ここで「一般回数の微分積分」に相当する次の事実（たたみこみ積分）が有用です．

補助定理 1　$F(x)$ が 3 回連続的微分可能で $F(0) = F'(0) = F''(0) = F'''(0) = 0$ のとき $f(x) = F'''(x)$ に対し

$$\frac{1}{2}\int_0^a (a-t)^2 \cdot f(t) dt = F(a) \quad (a > 0) \tag{3}$$

が成立する．

証明　部分積分を反復する．(3) の左辺は

$$= \frac{1}{2}(a-t)^2 \cdot F''(t)\Big|_0^a + \frac{2}{2}\int_0^a (a-t) \cdot F''(t) dt$$

$$= (a-t) \cdot F'(t)|_0^a + \int_0^a F'(t) dt$$

$$= F(a) - F(0) = F(a)$$

となる．　　　　　　　　　　　　　　　　　　　　　　　　□

これを $f(t) = \sin^m t,\ a = \pi/2$ に適用します．本文 2 節で論じたウォリスの公式により，(1) の末尾の項での係数は，$m \to \infty$ のとき $\sqrt{m\pi}$ に近づき，これはある正の定数 K について $K\sqrt{m}$ 以下です．したがって $\sin^m x$ を 3 回積分した関数 $F_m(x)$ に対し，$\sqrt{m}\, F_m(\pi/2) \to 0\ (m \to \infty)$ を証明することになります．補助定理 1 から

$$F_m\left(\frac{\pi}{2}\right) = \frac{1}{2}\int_0^{\frac{\pi}{2}} \left(\frac{\pi}{2} - t\right)^2 \sin^m t\, dt$$

$$= \frac{1}{2}\int_0^{\frac{\pi}{2}} u^2 \cos^m u\, du \tag{4}$$

と表されます（$u = \pi/2 - t$ と置換）．(4) の $\sqrt{m}$ 倍が 0 に近づくことはいろいろの形で証明できますが，次のように考えるのが早道と思います．

233

設問 21

補助定理 2　m が十分大きければ，$0 < u < \pi/2$ において
$0 < u^2 \cos^m u < 2/m$ である．

略証　$\varphi(u) = u^2 \cos^m u$ は $\varphi(0) = \varphi(\pi/2) = 0$ であり，中間では正な
のでどこかで最大値をとる．その点 $u = u_0$ は同時に極大値であり
$$\varphi'(u) = 2u \cos^m u - m u^2 \cos^{m-1} u \cdot \sin u$$
$$= u \cos^m u (2 - m u \tan u)$$
の零点，すなわち，$u_0 \tan u_0 = 2/m$ を満たす u_0 である．m が十分
大なら $u_0^2 + u_0^4/3 + \cdots = 2/m$ から，u_0 はほぼ $\sqrt{2/m}$ だが，残りの項
との比較から $u_0 < \sqrt{2/m}$ である．これから $\varphi(u) \leqq \varphi(u_0) < u_0^2 < 2/m$
となる．　　　　　　　　　　　　　　　　　　　　　　　　　　　　□

　これにより (4) の右辺 $< \dfrac{1}{2} \cdot \dfrac{2}{m} \cdot \dfrac{\pi}{2} = \dfrac{\pi}{2m}$ となります．その $\sqrt{m}$
倍は $m \to \infty$ のとき $\pi/(2\sqrt{m})$ 以下で，確かに 0 に収束します．　　□

　実は当初 (4) を $\pi/m^{1/3}$ あるいは $\pi/m^{1/4}$ で分けて，それぞれの区
間での積分が $1/\sqrt{m}$ よりも早く 0 に近づくことを証明したのです
が，後に区分しないで済む上述の方法に気がつきました．
　以上は私自身が考えた合理化ですが，型のごとく一様収束性と
それによる項別積分可能性を示すのがオーソドックスかもしれませ
ん．なお項別積分可能性について，ルベーグ積分を活用した方もあ
りました．それは正しいのですが，この場合はそこまで発展しなく
ても証明可能です．

設問の解答・解説

━━━━━━━━━━ **設問 22** ━━━━━━━━━━

端補正の中点公式

$$\int_a^b f(x)dx \fallingdotseq hf\left(\frac{a+b}{2}\right) + \frac{h^2}{24}[f'(b)-f'(a)], \quad h = b-a \quad (13)$$

を，$f(x)$ の適当なエルミート補間式 $g(x)$ の積分値として表す課題でした．便宜上式番号を本文からの通しにします．

$c = (a+b)/2$ とおくと $g(c) = f(c)$，$g'(a) = f'(a)$，$g'(b) = f'(b)$ と 3 条件が必要なので，$g(x)$ を 2 次式として

$$\begin{aligned} g(x) &= f(c) + \alpha(x-c)^2 + \beta(x-c), \\ g(c) &= f(c) \end{aligned} \quad (15)$$

と置きます．こうすると $\beta(x-c)$ の積分は 0 となり，β の値は結果的に不要です．$g'(x) = 2\alpha(x-c) + \beta$ であり

$$\begin{aligned} g'(b) &= f'(b) = \alpha h + \beta, \\ g'(a) &= f'(a) = -\alpha h + \beta, \\ \alpha &= [f'(b) - f'(a)]/2h, \\ \beta &= [f'(a) + f'(b)]/2 \end{aligned}$$

を得ます．(15) の積分値は $C = hf(c)$ と略記して

$$\begin{aligned} hf(c) + \frac{\alpha}{3}(x-c)^3 \bigg|_a^b &= C + \frac{\alpha h^3}{3 \times 4} \\ &= C + \frac{[f'(b) - f'(a)]h^2}{24} \end{aligned}$$

となり，(13) と一致します．□

$f(x)$ が 2 次以下の多項式なら，上述の補間式 $g(x)$ はもとの多項式そのものだから，当然 $I = C^*$ です．3 次式は適当な 2 次式を加減すると，代表として

$$\varphi(x) = k(x-a)(b-x)[x-(a+b)/2] \quad (k \text{ は定数}) \quad (16)$$

を採ることができます．(16) の積分値は中央に対する反対称性から 0 ですが，中点での値は 0 であり，さらに

235

設問 23

$$\varphi'(b)=-k(b-a)^2/2, \ \varphi'(a)=-k(b-a)^2/2$$

となり，端補正量も 0 です．すなわち $0=0$ の形で $I=C^*$ が成立します．これから一般の 3 次式でも $I=C^*$ となります．□

　もちろん多くの方々がしたように一般的な 3 次式 $g(x)$ を仮定し，$g(c)=f(c),\ g'(a)=f'(a),\ g'(b)=f'(b)$ から $g(x)$ を定めても同じ結果になります．上のように論ずれば 2 次式で十分であり，さらに 3 次式まで $I=C^*$ になることも明瞭です．

━━━━━━━━━━ **設問 23** ━━━━━━━━━━

ルーレット曲線の一種エピサイクロサイド
$$
\begin{aligned}
x &= (a+1)\cos\theta - \cos(a+1)\theta,\\
y &= (a+1)\sin\theta - \sin(a+1)\theta
\end{aligned}
\tag{1}
$$
の $\theta=0$ から $\theta=\alpha$ までの弧長は

$$[4(a+1)/a]\cdot[1-\cos(a\alpha/2)] \quad (0\le\alpha\le 2\pi/a) \tag{2}$$

です．全長 $8(a+1)$ の任意の n 等分点が定規とコンパスで作図できる a の場合を吟味せよ，という若干あいまいな課題でした．

　どなたも私が最初考えていた通り，「a が **2 の累乗** $2^k\ (=1,\ 2,\ 4,\ 8,\ \cdots)$ のとき」と答えていました．確かにその場合には (2) から $\cos(a\alpha/2)$ が作図できて目的を達します．

　当初は a が 2 の累乗でなければ，(2) から $\cos(a\alpha/2)$ の値がわかっても $\cos\alpha, \sin\alpha$ が一般には定規とコンパスだけでは作図できない，と考えていました．しかしこのときには

$$x^2+y^2=(a+1)^2+1-2(a+1)\cos(a\theta) \tag{3}$$

です．n 等分点までの弧長がわかれば，(2) から $\cos(a\alpha/2)$ の値がわかり，$\cos(a\alpha)$（倍角）が作図できます．もとの曲線が正確に描かれ

ていれば，(3)に対応する円周との交点から，対応する等分点が作図できます（実際の作図誤差は大きくなりそうだが）．そうすると $a=3$ の場合も込めて，「任意の整数値 a で可能」という結論になります．

　この問題を提出なさった佐藤郁郎氏は，角度 $a\alpha/2$ 自体の作図をお考えになっていたようですが，私が曲解（？）して，曲線が正確に描かれているなら，それを使って（結果的に角の三等分も含む）すべての a で可能だと解釈したための混乱があったようです．実際 $a=3$ に相当するエピサイクロイドが正確に描かれていれば，それを活用して，任意の角の三等分の作図が可能なことは，古くから知られています．

━━━━━━━━━━ **設問 24** ━━━━━━━━━━

二項係数 $\dbinom{2k}{k}=\dfrac{(2k)!}{k!k!}$ の母関数に相当する関数

$$y=\sum_{k=0}^{\infty}\frac{(2k)!}{k!k!}x^k=1+2x+6x^2+20x^3+70x^4+\cdots \tag{1}$$

を具体式で表す問題が[1]でした．その応用として，[2]に二項係数の級数の和を求める課題を付加しました．

[1] の解　(1)を項別微分して

$$y'=\sum_{k=1}^{\infty}\frac{(2k)!}{k!(k-1)!}x^{k-1}$$
$$=\sum_{n=0}^{\infty}\frac{(2n)!\,2\cdot(2n+1)}{n!\,n!}x^n \quad (n=k-1)$$
$$=4\sum_{n=1}^{\infty}\frac{(2n)!}{n!(n-1)!}x^n+2\sum_{n=0}^{\infty}\frac{(2n)!}{n!\,n!}x^n$$

と変形すると，微分方程式

設問 24

$$y' = 4y'x + 2y, \text{ すなわち } y'(1-4x) = 2y \tag{2}$$

を得ます．(2)は変数分離形ですから直ちに

$$\int \frac{dy}{2y} = \int \frac{dx}{1-4x}$$

$$\text{すなわち } \frac{1}{2}\log y = -\frac{1}{4}\log(1-4x) + C$$

と積分できます．初期値 $x=0$ のとき $y=1$ から，積分定数 $C=0$ であり

$$y = (1-4x)^{-1/2} = 1/\sqrt{1-4x} \tag{3}$$

が所要の関数です．(1)の収束半径は係数の比から計算できますが，$1/4$ です．

(3)がわかれば逆に（一般の）二項展開式から x^n の係数が

$$\frac{1}{n!}\left(-\frac{1}{2}\right)\left(-\frac{3}{2}\right)\cdots\left(-\frac{2n-1}{2}\right)\cdot(-4)^n$$

$$= \frac{1\cdot 3\cdots(2n-1)}{n!} \times 2^n = \frac{(2n)!\,2^n}{n!\cdot 2^n n!} = \binom{2n}{n} \tag{4}$$

であり，(3)のテイラー（マクローリン）展開が(1)であることが確かめられます．(4)に気付けば直接に(3)を求めることもできます．

［2］の解　次の級数の和を求める問題です．

$$\sum_{k=0}^{n}\binom{2k}{k}\binom{2(n-k)}{n-k} \tag{5}$$

これは(1)を2乗したベキ級数 x^n を整理したとき，x^n の係数に相当します．(1)の2乗は(3)から

$$1/(1-4x) = 1 + 4x + 4^2 x^2 + \cdots + 4^n x^n + \cdots$$

ですから，(5)の和は 4^n です．

　計算を誤って(5)の和を二項係数 $\binom{2n}{n}$ と答えた方がありました．しかし $n = 1, 2, 3, \cdots$ とためしてみると，

238

設問の解答・解説

$$2+2 = 4,\ 6+2\times 2+6 = 16,$$
$$20+6\times 2+2\times 6+20 = 64$$

となって，4^n になることが予想されます．もちろんこのような予想だけでは証明にはなりませんが，検算としては有効でしょう．

なお本文の式(6)で $x = 1/\sqrt{2}$ とおけば級数

$$\sum_{k=0}^{\infty}\frac{2\cdot 4\cdots(2k)}{3\cdot 5\cdots(2k+1)}\cdot\frac{1}{2^k} = (\sqrt{2})^2\arcsin\frac{1}{\sqrt{2}} = \frac{\pi}{2} \tag{6}$$

を得ます．収束はそれほど速くありませんが，ライプニッツの級数 $\frac{\pi}{4} = 1-\frac{1}{3}+\frac{1}{5}-\frac{1}{7}+\frac{1}{9}-\cdots$ にオイラー変換を施すと，(6) の $\frac{1}{2}$ 倍の級数になります．π の近似値計算では，後者を直接計算するよりはだいぶましだと思いますので，注意しておきます．オイラー変換については，この連載の続編の「ミニ数学を創ろう」で扱いました．

═══════ **設問 25** ═══════

「増山の問題」の $n = 4$ の場合の考察でした．これまでとは異質だったようで，残念ながら応募者はありませんでした．

[1] ($n = 4$ の場合に解がないことの理論的証明)は難問で，実のところ私も名案をもっていません．問題の要点を再掲します．

$p = 3n-1$ 個の整数 0, 1, $\cdots$, $3n-2$ を $n, n, n-1$ 個の部分集合 A, B, C に分割する．但し $0\in C$ とする．これから

$$B-B = \{b-b'(\mathrm{mod}\,p)\ ;\ b,\ b'\in B,\ b\neq b'\}$$
$$A-C = \{a-c(\mathrm{mod}\,p)\ ;\ a\in A,\ c\in C\}$$

という，ともに $n(n-1)$ 個の要素からなる多重集合を作る．$B-B = A-C$ となる分割を求めよ．

239

読者諸賢から若干のアイディアを期待したのですが，コンピュータによる全数検査を「醜い」と考えずに活用するしかないようです．この問題は撤回します．

[2]（ニアミス）については，杉並区科学館（当時）の渡邊芳行氏にお願いして，コンピュータによる全数検査をして頂きました．同氏に厚く感謝します．その結果多重集合としては一致しないが，同一の要素をまとめた普通の集合としては一致する場合が165通りあり，そのうち90通りはその集合が $\{1,2,3,4,5,6,7,8,9,10\}$ でした．残り75通りは共通な普通集合がすべて8個の要素から成り立ちます．その全部を挙げる余裕はありませんが，前者の一例は

$$A=\{1,2,3,7\},\ B=\{4,6,9,10\},\ C=\{0,5,8\}$$

です．また後者の一例は

$$A=\{5,7,8,9\},\ B=\{1,4,6,10\},\ C=\{0,2,3\}$$

で，共通な普通集合は $\{2,3,4,5,6,7,8,9\}$ です．

多重集合として一要素だけが違う「ニアミス」もいくつかあります．その中でかなり昔から知られていた有名（？）なのは，次の分割です．

$$A=\{3,4,6,10\},\ B=\{1,2,5,7\},\ C=\{0,8,9\}$$
$$A-C=\{1,2,3,4,5,6,6,6,7,8,9,10\}$$
$$B-B=\{1,2,3,4,5,5,6,6,7,8,9,10\}$$

他にも相隣る数字の一要素違いの例がいくつかありました．

なお偶然ですが，連載記事の解答を執筆中に次の論文を見ました．

U. Montaño, Ugly Mathematics : Why do Mathematicians dislike Computer-assisted Proofs?, Math. Intelligencer, 34, no.4, 2012 冬季号, pp.21-28.「なぜ数学者はコンピュータに支援された証明を嫌うのか」）

美的感覚はある程度「習慣」に根ざすものらしく，もはやコンピ

設問の解答・解説

ュータによる全数検査を忌避する必要はないのかもしれません．半世紀前の問題を思い出して，若干とまどいを生じたことをお詫びします．

━━━━━━ **設問 26** ━━━━━━

カークマンの女生徒問題：15 人の女生徒が毎日 3 人ずつの 5 グループに分かれるとき，7 日間でどの 2 人も 1 回ずつ同グループに入るようにせよ，を四面体モデルから構成する課題でした．

四面体モデルでは 15 人をその 4 頂点 P_i，辺の中点 L_{ij}，P_i の対面の重心 S_i および四面体の重心 T で表し，そのうち 3 点ずつを通る 6 種類の直線族を作りました．同一直線上の 3 点を同グループとします．以下 i, j, k, l はすべて互いに相異なる番号を表します．

3 日分は $\{i, j ; k, l\}$ を $\{1, 2 ; 3, 4\}$，$\{1, 3 ; 4, 2\}$，$\{1, 4 ; 2, 3\}$ という 3 種の 2 個ずつ順序づけた組分けとして，上記の各組を順次

第 5 類の直線 1 本：$L_{ij} \, T \, L_{kl}$

第 1 類の直線 2 本：$P_i \, L_{ik} \, P_k,\ P_j \, L_{jl} \, P_l$

第 3 類の直線 2 本：$S_i \, L_{il} \, S_l,\ S_j \, L_{jk} \, S_k$

という 5 グループずつとします．残り 4 日分は

第 6 類の直線 1 本：$P_i \, T \, S_i$ 　$(i = 1, 2, 3, 4)$

第 2 類の直線 1 本：$L_{jk} \, L_{jl} \, L_{kl}$

第 4 類の直線 3 本：$P_j \, L_{ik} \, S_l,\ P_k \, L_{il} \, S_j,\ P_l \, L_{ij} \, S_k$

という 5 グループとします．第 4 類は $(ijkl)$ がこの順に偶置換になるように整理します．

この分け方は，それぞれの直線族全体で四面体を「組み立てる」と考えるとよいでしょう．

241

設問 26

初めの 3 日分で k, l を交換した解は，名のつけ替えで同型になります．後の 4 日分で k, l を交換した（奇置換とした）場合は第 4 類の直線の向きが逆の鏡像体になり，直接に同型にはなりません．女生徒問題の組合せの解としてはどちらも正しいが，3 次元射影幾何学で直線族を考える場合には，この両系を区別する必要が生じます．

以上の記号では具体的なグループが不明瞭なので，改めて番号で組分けを示します．P_1, P_2, P_3, P_4 を二進法の基数 1, 2, 4, 8 ととり， L_{ij}, S_k, T をそれらの二進和として表示すると，T は 15，$S_k (k = 1, 2, 3, 4)$ は 14, 13, 11, 7；$L_{12}, L_{13}, L_{14}, L_{23}, L_{24}, L_{34}$ は順次 3, 5, 9, 6, 10, 12 と表されます．1～15 が各人の番号です．上記の構成を訳した結果を下の表に示しました．ここで各 3 人組は番号順に整理しましたが，組の順は前述の直線の種別の順に対応して記しました．

この 3 つ組で第 1, 4, 5, 6 類の直線に対応する組は，その中の小さい 2 数の通常の和が最大数に等しくなります．第 2, 3 類の直線に対応する組はそうではないが，二進法で表して 3 数の桁上げをしない（ビット毎の）二進和を作ると，すべて 0 になります．

番号をつけ換えた同型の解は多数できますが，上記が「典型的」な解です．いろいろな解も本質的に（番号をつけかえると）上記かその「鏡像体」と同型です．

表　カークマンの女生徒問題の一つの解

(3 12 15)	(1 4 5)	(2 8 10)	(7 9 14)	(6 11 13)
(5 10 15)	(1 8 9)	(2 4 6)	(3 13 14)	(7 11 12)
(6 9 15)	(1 2 3)	(4 8 12)	(5 11 14)	(7 10 13)
(1 14 15)	(6 10 12)	(2 5 7)	(4 9 13)	(3 8 11)
(2 13 15)	(5 9 12)	(1 10 11)	(6 8 14)	(3 4 7)
(4 11 15)	(3 9 10)	(5 8 13)	(1 6 7)	(2 12 14)
(7 8 15)	(3 5 6)	(4 10 14)	(2 9 11)	(1 12 13)

横並びの 5 組が各日のグループを表す．

設問の解答・解説

付記 本文末に正田建次郎先生の古典的な記事を引用しましたが，上述の「四面体モデル」はもっと後の発案であり，そこには載っていません．

━━━━━━ **設問 27** ━━━━━━

$2k+1$ 回戦でどちらかが $(k+1)$ 勝 m 敗で終る確率の和か 1 :

$$\sum_{m=0}^{k}\binom{k+m}{m}(p^{k+1}q^m+p^mq^{k+1})=1 \quad (p+q=1) \tag{7}$$

という公式を，代数的に証明する課題でした．以下式番号は本文からの通し番号にします．

いろいろな証明が可能ですが，k に関する数学的帰納法が無難でしょう．$k=0$ なら $p+q=1$ で自明です．また $k=1$ なら

$$p^2+q^2+2(p^2q+pq^2)=p^2+q^2+2pq(p+q)$$
$$=p^2+q^2+2pq=(p+q)^2=1$$

で成立します．そこで $k-1$ のとき正しいとして，その式

$$(p^k+q^k)+k(p^kq+pq^k)+\cdots+\binom{k+m-1}{m}(p^kq^m+p^mq^k)+$$

$$\cdots+\binom{2k-2}{k}(p^kq^{k-1}+p^{k-1}q^k)=1 \tag{8}$$

を書き下し，第 1 項に $p+q(=1)$ を掛けると

$$(p^{k+1}+q^{k+1})+(p^kq+pq^k)$$

となります．後ろの項を次の項と併せて $(k+1)(p^kq+pq^k)$ とします．これに $p+q(=1)$ を掛けると

$$(k+1)(p^{k+1}q+pq^{k+1})+(k+1)(p^kq^2+p^2q^k)$$

となり，後ろの項を 3 項目とまとめて係数を $(k+1)(k+2)/2$ にできます．一般的に（m に関する帰納法の形で）二項係数の和

$$\binom{k+m-1}{m-1}+\binom{k+m-1}{m}=\binom{k+m}{m}$$

243

設問 27

を活用すると，m 乗に相当する項が $\dbinom{k+m}{m} \times (p^{k+1}q^m + p^m q^{k+1})$ と

なります．それに $p+q\,(=1)$ を掛けて次に進む操作を反復すると，

最後の項は次の形になります．

$$\binom{2k-1}{k-1}(p^k q^{k-1} + p^{k-1} q^k).$$

これにさらに $p+q\,(=1)$ を掛けて

$$\binom{2k-1}{k-1}(p^{k+1}q^{k-1} + p^{k-1}q^{k+1}) + \binom{2k-1}{k-1}(p^k q^k + p^k q^k)$$

とし，$\dbinom{2k}{k} = 2\dbinom{2k-1}{k-1}$ によって後ろの項を

$$\binom{2k}{k}p^k q^k = \binom{2k}{k}p^k q^k (p+q)$$

$$= \binom{2k}{k}(p^{k+1}q^k + p^k q^{k+1})$$

と変形します．以上をまとめると和の値は 1 のままで，(8) が全体と
して

$$1 = \sum_{m=0}^{k} \binom{k+m}{m}(p^{k+1}q^m + p^m q^{k+1}) \tag{9}$$

と変形されます．式 (9) は所要の式で k の場合（(7) 式）そのもので
す．こうして数学的帰納法により証明できました．□

　同じことですが，$\sigma_k = p^k + q^k$ とおいて漸化式を導くこともでき
ます．その他いくつかの工夫がありました．但し二項定理を曲解
（？）したらしい疑問の残る解答もありました．

244

あとがき

　いささか「いかめしい」題を付けましたが，はしがきにも述べた通り，本書は雑誌連載記事の単行本化です．題材はむしろ雑多ですが，何らかの意味で私が関心をもった話題を集めました．

　単行本化に当って若干の加筆・補充もしましたが，十分ではありません．「数学検定」に触れた個所もありますが，もちろんそのための手引書や学習書ではありません．

　問題の発端を提唱して下さった方や，私が特にお願いして協力して頂いた方々のお名前は，謝詞の形で残しましたが，解答応募の方々は，お名前を伏せたり，記号化したりしたことを，お詫び申します．

　時代も大きく変わっておりますので，いつまでもこの本で扱ったような「古典的な」数学にこだわるべきではないでしょう．私としては，普通の教科書に余り書かれていない（？）一歩踏み込んだ題材を取り込んだつもりです．しかし「設問」の関係でうまくまとめられなかった話題もありました．それでも数学の学習や演習に供して下されば幸いです．

一松　信

索　引

■あ行

アイゼンスタイン三角形　40
アダマール行列　33
e の導入　113
一般化された固有ベクトル　206
ヴァンデルモンドの行列式　188
ウォリスの公式　140
エピサイクロイド　156
エルミート補間　145
エルミート補間式　147
円周率　119
円内四角形　69, 71
オイラー線　211
オイラーの解法　31, 33
黄金比　194, 220

■か行

カークマンの女生徒問題　175, 241
カージオイド　155
階数　55
解と係数との関係　3, 4
可換でない　55
可逆　57
完全平方数　49
擬似重心　96
期待値　184
基本交代式　8, 10, 12
基本対称式　4
基本単体　100
既約　41
九点円　77
行固有ベクトル　63
強調和　190

共役複素数　17
曲線の長さ　153
極値問題　87
区分台形公式　146
区分中点公式　150
クラインの四群　28
グラム行列式　73
ケプラー・ポアンソの正多面体　103
原始的　41
コーシー・シュワルツの不等式　95
交換可能　56
交代関数　9
互換　9
固有値　57
根軸　75
根心　76

■さ行

サイクロイド　153
三角数　49
3 次の鞍点　217
3 次分解方程式　24
3 次方程式　14, 31
四角数　49
辞書式順序　5
自然対数の底数　113
7 人の夜警　176
シュヴァレー分割　10
重心　94, 107
重心座標　75
巡回関数　9
巡回置換　9
準実数解　19

247

心臓形　155

シンプソンの公式　150

数学甲子園　17, 69

数値積分公式　145

正軸体　109

正 7 角形　191

正多胞体　109

正多面体　99

正単体　105

制約条件　217

漸化式　61

相乗平均　116

双対的　176

■た行

対角化可能　62

台形公式　146

対称関数　9

対称式　3

対数微分　6

互いに素　42

多重集合　167

たたみこみ積分　233

タルタリア・カルダノの解法　14

単体　105

端補正公式　145

端補正台形公式　147

端補正中点公式　150

中点公式　117, 149

中点三角形　210

頂点形　100

超立方体　109

定積分　133

等角共役点　96

同族項　5

トレミーの定理　72

■な行

ナーゲル線　211

ナーゲル点　211

内接円　77

ナゴヤ三角形　39, 199

ニアミス　53

二項係数　163, 181, 237

2 次曲線　24, 128

2 乗の逆数の和　141

2 乗の和の最小値　106

ニュートンの公式　6

ネフロイド　157

■は行

π の無理数性　122

ファノ平面　176

フェラーリの解法　23

フェルマー点　93

不完備つり合い型配置　175

不尽根数　121

不定積分の計算　125

不等式　81

ベキ級数　159

べき和　6

ペル方程式　49

ヘロンの公式　69

変数分離形　163

傍接円　78

星形正多面体　103

補数　168

本虚数解　19

■ま行

増山の問題　167

目的関数　217

モローの不等式　115, 224

■や行

有理化の原理　128

4 次方程式　23

■ら行

ラグランジュの解法　28

リッシュの算法　125

累乗　61

ルモワーヌ点　96

零因子　65

六斜術　93

■わ行

ワイル調和関数　190

著者紹介：

一松 信（ひとつまつ・しん）

1926 年　東京で生まれる
1947 年　東京大学理学部数学科卒業
1969 年　京都大学数理解析研究所教授
1989 年　同上定年退職，東京電機大学理工学部教授
1995 年〜2003 年　数学検定協会会長
2004 年　東京電機大学客員教授退任
2015 年　日本数学会出版賞受賞

京都大学名誉教授，理学博士

主要著書

岩波数学公式 I，II，III（岩波書店），解析学序説（新版）上，下（裳華房），
留数解析（共立出版），暗号の数理，四色問題（ともに講談社，ブルーバックス）

創作数学演義

2017 年 9 月 20 日　　　初版 1 刷発行

検印省略

著　者　　一松　信
発行者　　富田　淳
発行所　　株式会社　現代数学社
〒 606-8425 京都市左京区鹿ヶ谷西寺ノ前町 1
TEL 075 (751) 0727　　FAX 075 (744) 0906
http://www.gensu.co.jp/

© Shin Hitotsumatsu, 2017
Printed in Japan

印刷・製本　　亜細亜印刷株式会社

ISBN978-4-7687-0478-3

落丁・乱丁はお取替え致します.